U0151575

细胞简史

Brief History of Cells

程林 著

上海交通大學出版社
SHANGHAI JIAO TONG UNIVERSITY PRESS

内容提要

本书是一本介绍细胞来龙去脉的科普读物，讲述了细胞的基本知识、细胞发现背后的故事，以及备受关注的细胞治疗和基因编辑的科学原理及其相关领域的重要事件。本书图文并茂，通过一个个科学家的小故事，理清了细胞生物学的发展脉络，更见微知著、以小写大，引起读者对细胞科学发展的思考和审视。

本书可供中学生、大学生参考学习，也可供对细胞感兴趣的读者阅读。

图书在版编目（CIP）数据

细胞简史 / 程林著. — 上海：上海交通大学出版社，2022.1（2022.10 重印）

ISBN 978-7-313-25922-6

Ⅰ.①细… Ⅱ.①程… Ⅲ.①细胞生物学—研究 Ⅳ.①Q2

中国版本图书馆 CIP 数据核字（2021）第 235433 号

细胞简史

XIBAO JIANSHI

著　　者：程　林
出版发行：上海交通大学出版社　　地址：上海市番禺路 951 号
邮政编码：200030　　电话：021-64071208
印　　制：上海万卷印刷股份有限公司　　经销：全国新华书店
开　　本：880mm×1230mm　1/32　　印张：9.75
字　　数：216 千字
版　　次：2022 年 1 月第 1 版　　印次：2022 年 10 月第 2 次印刷
书　　号：ISBN 978-7-313-25922-6
定　　价：58.00 元

前 言

当同事和朋友问我，为什么要写这本书，我通常跟他们说，这源自一老一少两代人向我的提问。“老”指的是我的父亲，他是一名退伍军人，在部队时是一名医生，唐山大地震时还曾去那里支援过，退伍后开过几年诊所，所以对于医学知识还算懂一些。因为我在医院做研究，所以他常常会问我在研究什么，当我告诉他我在从事细胞重编程或者说细胞命运转变的研究时，他总是一脸茫然。于是我再举个通俗的例子，比如把皮肤或者尿液变成血液，基于他的经验和认识，他便觉得这是天方夜谭，从而对我未来的研究满怀担忧。“少”则指的是我的侄子和女儿，他们都处于最爱思考的年纪，当他们问我在做什么，我把对老父亲的回答再说一遍时，他们总是充满好奇，哇喔哇喔地觉得很神奇，并且过后总会问为什么可以这样，怎么得来的，总之不是一两句能够回答清楚的。当我试图从市场上找些相关的科普书回复他们时，发现这些书不是写得过于专业，就是写得过于幼稚。为此，我萌生了自己写一本书的打算。然而，说起来容易，做起来难，如何起头，写什么内容，毫无头绪，加上研究所里工作紧张，一拖就是几年。直至我的课题组建立5周年，请学生聚餐纪念，聊到当前市场上的细胞治疗乱象，说到了我们科研工作者的社会责任时，我没有多想，一句“写一本靠谱的科普书”当着学生的面脱口而出。随后，我立马觉得自己说了大话，然而，作为老师，总不能食言，于是硬着头皮开始构思和动笔。现在想来，这种无形的压力推动自己不得不前进，也不失为一种不错的懒人写作策略。

由于我是生物学科班出身，对于细胞生物学的知识，可谓驾轻就熟。因此，本书的撰写在很大程度上参考了大学里传统细胞生物学的课程内容，但是省略了很多专业的内容，反而对每一个专业概念的解释，进行了简单的类比，以方便读者理解。同时，本书对这些概念形成的历史进行了挖掘，这也许更值得关注。除此以外，对于当前有关细胞的热门话题，比如干细胞和细胞治疗，尤其是肿瘤免疫治疗，以及与此密切相关的基因治疗等，也进行了介绍。对于与动物细胞平起平坐，却长期被忽视的植物细胞也进行了描述。因为细胞的发现和研究从头至尾都离不开显微镜，而显微镜的演变历史也十分重要，正所谓，工欲善其事，必先利其器，因此，最后对其做了简单介绍。

细胞是组成生命体的最小单元，每一个细胞、细胞器或细胞现象的发现者也是普普通通的人，两者均是大千世界和历史长河中的沧海一粟，犹如生命的尘埃。但是，在每一粒尘埃背后，都有着自己的故事，这些大大小小的故事构成了本书的主体，既展示了细胞探索的艰辛和历史，也描绘了细胞发现的神奇和价值。

希望本书能够让读者，无论是老人、小孩，还是中青年朋友，都了解细胞科学中的大事件，认识科学家的普通人生，理解细胞科学并不是高高在上的，细胞的发现源于身边的点点滴滴，细胞的应用也正在影响我们的生活，从而引起读者对细胞的好奇心。

程 林

研究员、博士生导师、课题组长

上海交通大学医学院附属瑞金医院

上海血液学研究所

转化医学国家重点科技基础设施（上海）

目 录

1 细胞的发现

时间倒流回300多年前，公元17世纪，世界正处于文艺复兴后期。在此之前的数百年间，整个欧洲几乎都被笼罩在教会的压抑性统治之下，民众早已厌倦这样的生活，开始眷念起源于希腊和罗马的自由思想，并试图复兴当时的文化和艺术，这一思想文化运动史称文艺复兴。然而，善于探索的人们并不满足于对先哲思想的简单继承，虽然柏拉图和亚里士多德等人的哲学思想在很大程度上引领了人们对世界的认识和思考，但是这些仍旧属于思辨性质，并不具有实打实的证据。在新思潮的影响下，伴随着技术的发展，人们逐渐开始从抽象思索走向实证观察，并试图建立对自然的客观认识和描述，从而开启了现代科学的实验之门。

文艺复兴始于意大利，之后迅速席卷整个欧洲，自由的文化激活了一大批热爱艺术和探索自然科学的民众，也由此诞生了众多影响历史的伟大科学家、文学家和艺术家。而在这些科学探索者中，既有热爱文艺的科学家，也有热爱科学的艺术家。现代科学的早期不同于现在各专业之间的泾渭分明，而是互相交融，因此，涌现了不少前无古人、后无来者的学识通才。这一时期的代表性人物和他们的成就，至今仍为人们耳熟能详，并被铭记于历史。

在天文领域，波兰牧师和天文学家尼古拉斯·哥白尼(Nicolaus Copernicus)建立了日心说，取代原有的地心说，提出宇宙的中心是太阳，而非地球。虽然从今天的视角来看，两种学说均是错误的，但是基于当时的认识，日心说的提出仍然是科学上巨大的进步。德国天文学家约翰尼斯·开普勒（Johannes Kepler）在日心说的基础之上，指出行星的运动轨迹为椭圆形。在他们之后，意大利天文学家和物理学家伽利略·伽利雷（Galileo Galilei）第一次采用天文望远镜观察星空，发现了木星的卫星，考虑到地球也有月亮作为卫星，因此，他认为地球也只是一颗可以运动的行星而已。然而，他的观点遭到了当时教皇的反对和排斥，为此，在之后的日子里，他不得不被软禁在家中，为坚守自己的发现奉献余生。

在物理领域，最知名的人物当数解决苹果自由落体之谜的英国物理学家和数学家艾萨克·牛顿（Isaac Newton），他于1687年发表了传世之作《自然哲学的数学原理》。语言的差异会导致沟通障碍，为了促进交流，当时人们采用拉丁语作为通用的专业语言，类似于当今的英语。牛顿的力作也是如此，但毕竟是专业语言，同时描绘的数学原理也较为生涩，因此，当时能够理解这本书的人寥寥可数，直至1729年才出现该书的英译本。据说，后世阿尔伯特·爱因斯坦（Albert Einstein）提出相对论时，能理解的人也是屈指可数。难怪大家常说，真理总是掌握在少数人手里，原因之一可能就是真理太难，大多数人读不懂，自然也就不理解吧。

在人文领域，意大利的代表人物包括著有《神曲》的诗人但丁·阿利吉耶里（Dante Alighieri），绘有《蒙娜丽莎》的画家列奥纳多·达·芬奇（Leonardo da Vinci）和雕刻有《大卫》的雕塑家米开朗基罗·博那罗蒂（Michelangelo Buonarroti）；西班牙的代表人物有《唐吉诃德》的作者米格尔·德·塞万提斯·萨韦德拉（Miguel de Cervantes Saavedra）；英国的代表人物有家喻户晓的作家威廉·莎士比亚（William Shakespeare），他的代表作不胜枚举，包括脍炙人口的爱情戏剧《罗密欧与朱丽叶》和四大悲剧之一的《哈姆雷特》等。

经历了文艺复兴运动洗礼的欧洲正处于鼎盛时期，各种前沿思潮和发现在各国竞相开放，争奇斗艳，荷兰也不甘示弱，迎来了前所未有的发展。荷兰位于欧洲西部，地处英国和德国之间，南临比利时，首都是阿姆斯特丹，从首都往南约50千米便是紧邻海牙的代夫特市，约翰内斯·维米尔(Johannes Vermeer)的故乡。与荷兰的其他城市差不多，代夫特市至今仍保留着古老的运河和拱桥，河道两旁的一座座民宅紧密排列，门前种满花草，清新雅致，颇有我国云南丽江古城的味道。即便是今天，当你踏足这里，依旧能感受到它数百年来的历史沉淀，无论是建筑、道路，还是遍布其中的餐馆、酒吧和咖啡厅，都是典型的欧洲风情。得益于文艺复兴促进的航海发展，中国的青花瓷器风靡欧洲，并因此促成了代夫特市陶瓷、颜料和绘画产业的兴起。商人约翰内斯·维米尔通过经营小旅馆和卖画，艰难地维持着11个子女的生计。除此以外，他也尝试自己绘画，但与他人不同，他借鉴了当时已得到发展的光学透视理论，尤其是大量运用了暗箱成像技术，使自己的画自成一派，具有三维透视的光影效果。然而，他的画在其生前并未得到世人的认可，直至他去世后200多年，才逐渐得到肯定。因此，其流传下来的作品并不多，一方面是因为没有得到足够的保护，另一方面也是因为他并非高产的画家。在他遗留的30多部作品中，广为人知的画作包括《代夫特风景》《倒牛奶的女仆》和《戴珍珠耳环的少女》等。

与维米尔同在一个时代、同处一个城市生活的另一位，便是我们即将出场的主人翁。他于1632年10月24日出生于名为狮门街角的一栋带有斜屋顶的砖砌屋子里，此时，屋子里还有他的祖父、父母、叔叔和婶婶们。起初，主人公的小名是托尼斯·菲利普斯（Thonis Philips），姓则来源于出生地名称的变更——列文虎克，意思是“来自狮子的角落”。多年之后，主人公改名为安东尼，并且在其中间名中加入了家族的名——范，从而成为该领域内后人所熟知的安东尼·菲利普斯·范·列文虎克（Antonie Philips van Leeuwenhoek）。有人说维米尔和列文虎克是好朋友，尤其是维米尔去世之后，便由列文虎克帮忙打理他的遗产，所以维米尔的暗箱绘画技术可能来源于列文虎克的帮忙。但是至今没有证据表明他们两人之间存在直接的交流，无论是书信往来，还是同在一个咖啡馆喝下午茶，因此，更大的可能性是他们只是彼此擦肩而过、从未打过招呼的路人甲和路人乙。

列文虎克家总共有 7 个兄弟姐妹，他在 6 岁那年，相继失去了其中两位和自己的父亲。两年后，他的母亲带着 5 个孩子改嫁，继父是一位 60 岁的画家。列文虎克的家族信奉基督教，尽管当时很多基督徒都是将他们的子女送到公办学校上学，但是列文虎克的母亲在他 8 岁时将他送到了新教教会开办的学校，并在那里学习了简单的拉丁语。14 岁时，列文虎克开始和他的叔叔一起生活，叔叔主要从事类似地方法官的工作，他便跟随叔叔学习了法律的基本准则。两年后，16 岁的列文虎克又被其母亲送到阿姆斯特丹学习服装贸易。首都的生活虽然丰富多彩，但是作为学徒的列文虎克无暇去享受这些，为了将来能够自谋生计，他不得不听从他师傅的嘱托勤学苦练，学习如何订货、讨价还价和报税等。在这期间，列文虎克第一次接触到了放大镜，这是一种两面凸起的透镜，并利用其对纺织品的品相进行观察。

凸透镜的发现和使用可以追溯到公元前，主要用于辅助雕刻和聚光点火，11 世纪之后，才逐渐被用于放大文字以方便阅读。直至 13 世纪后半叶，透镜才开始被固定在金属框内，形成眼镜的雏形，以提高老年人的视力。在这之后，逐渐又有了凹透镜的应用，可以帮助近视者提高视力。彼时，欧洲各国已经出现了大大小小的眼镜店，除此以外，有人开始尝试将多个透镜组装在同一根管子内，试图观察更远处的事物，但对于谁是历史上第一位制造望远镜的人，已无从考证。伽利略也是在这一时期开始利用望远镜观察星空，并对其改造，大大提高了望远镜的性能，由此成就了他后来的伟大发现。虽然有记录表明，此后不久，伽利略也制作过显微镜，但他是否是第一个发明人，已无从得知。而推动显微镜的广泛流行要归功于当时的仪器制造商科内利斯·德雷贝尔（Cornelis Drebbel），他同时也是一位发明家和工程师，设计并制造了历史上第一艘潜水艇。

自列文虎克来到阿姆斯特丹拜师学艺，一晃6年过去了，他终于学有所成，回到阔别已久的家乡，并在22岁那年，喜结良缘，和妻子共同经营一家属于自己的服装店。不久，他们买了一栋属于自己的小屋，在这里抚育了3个儿子和2个女儿，但只有女儿玛利亚长大成人，陪伴列文虎克直至终老，其他孩子都在幼年时不幸夭折。由于市场上兜售的显微镜要么放大倍数不够，要么存在各种瑕疵，不能满足检测布匹质量的需要，因此，列文虎克决定自己制作显微镜。据估算，他一生共制作了500多台显微镜，而保存至今的只有8台半。为什么还有半台呢？因为其他8台显微镜都是完整的，包括镜片和支架，而第9台的透镜已经丢失，空有支架。根据现代技术的测算，这8台可用的显微镜，最小的放大倍数为69倍，最大的放大倍数可达266倍。早期的显微镜装置相对来说比较简单，只有一个金属托盘或支架，上面嵌有一颗玻璃珠或一个微小的透镜。而对于列文虎克来说，要做就要做到极致，因此，他不但亲自用火烧制玻璃珠，用砂打磨透镜，就连金属支架也是自己冶炼浇铸的。由此可见他精益求精的态度，我们也就不难理解为什么他能用显微镜发现别人发现不了的世界。虽然在此之前显微镜已经被发明了几十年，但绝大多数人只是拿它进行娱乐性的观察。

近而立之年，列文虎克在政府部门谋得了一官半职，其聘书至今依旧被保存在代夫特市城市日志中。作为政府职员，他获得了可以维持家庭富足生活的稳定收入。在这样的经济基础之上，加上当时科学的兴起，同时伴随他对显微镜制作的痴迷以及制作技术的炉火纯青，列文虎克的兴趣爱好也由此被激发。他不再仅仅满足于对布匹中丝线的观察，而是利用显微镜观察他身边一切可以收集到的物品，甚至是昆虫。伟大的发现往往依赖于技术的发展，对于微小生物的观察也是如此。凭借这些在当时独一无二的先进显微镜，列文虎克积攒了大量昆虫的显微学解剖图谱，如苍蝇、飞蛾和蠕虫等。在拿到一系列标本的显微图谱之时，列文虎克已经渐渐从一位业余科学家向专业科学家转变。因此，他不再满足于自娱自乐，急切地希望获得领域内专家的认可。

彼时，文艺复兴的号角吹醒了一批自然哲学家，代表性人物之一的弗朗西斯·培根（Francis Bacon）认为自然科学的认知应该基于客观的观察和严谨的实验验证，除此以外，对于客观知识的归纳、总结和分析也是必不可少的。因此，他算得上是英国唯物主义的开创者，得到了卡尔·海因里希·马克思（Karl Heinrich Marx）的高度肯定。然而，培根的认知虽然符合历史的发展趋势，但他终究只是一位哲学家，并未真正开展过任何科学的实验研究，顶多算是科学的布道者。真正继承他的思想并将其付诸实施的当数伦敦皇家学会。1660 年 12 月 28 日，在罗伯特·波义耳（Robert Boyle）、约翰·威尔金斯（John Wilkins）、罗伯特·莫瑞（Robert Moray）和威斯康特·布隆克尔（Viscount Brouncker）等 12 位绅士的倡议下，英国成立了伦敦皇家学会，其宗旨是通过开展科学实验探索自然，解析万事万物背后的科学规律。正是这些实验开启了物理学和数学等现代科学研究的先河。

为了促进学会的健康成长，学会拟定了三件事：其一，每周三开一次例会，讨论将要开展的实验内容以及将来的科学研究方向；其二，创建自己的会刊，发表会员的科研进展以促进交流，会刊除了在英国流传外，也开始传播到其他欧洲国家，其中就包括荷兰；其三，招募一位管理员，其职责包括向政府申请经费以及根据各位会员讨论的科学议题开展实质性的具体实验。在这些需求下，我们的第二位主角终于盛装登场啦，他就是罗伯特·胡克（Robert Hooke）。

至于胡克为什么可以担任历史上第一个科学学会的管理员，得从他的个人经历开始说起。胡克于 1635 年 7 月 18 日生于英国怀特岛的一个小村庄，出生后一直病恹恹的，所以在年少时，他的父母一直未送他去学校学习，完全在家自学，或者说自娱自乐，他整天忙于把各种机械装置拆得七零八落，再进行重新组装。他父亲的身体也一直不好，长期遭受各种疾病的困扰，在他 13 岁时，父亲不幸去世。之后，胡克不得不背井离乡，来到伦敦谋求生计，开始在威斯敏斯特学校的一个实验室担任伙计。在这里，他较为系统地学习了拉丁语和希腊语，并有幸认识了赫赫有名的威尔金斯和波义耳。尤其是后者，对胡克的评价极高，正是在胡克的帮助下，波义耳才成功地搭建了空气压力泵，并取得了令人瞩目的成就。因此，在学会成立之初，作为两位学会创始人看中的小伙子，胡克顺理成章地受雇于学会，成为第一任管理员。

然而，如果要认真履行这个职务，并不是件十分轻松的事情。作为管理员，除了要协调各位会员的时间，召开每周例会，还要承担技术员的角色，针对会员提出的各种奇怪的科学想法，设计精巧的实验去进行验证，尽量满足他们的好奇心。由于早期的研究方向不受限制，研究内容几乎包罗万象，因此，胡克不得不在多个领域之间穿梭，包括钟摆、呼吸、燃烧、磁场、重力、电报、天文，甚至音乐等。正是这些学科的交叉，一方面促成了胡克在科学领域的茁壮成长，另一方面也为他和其他会员之间的摩擦埋下了隐患。因为在科学研究领域，有时想法很重要，有时实验很重要，有时两者同等重要。作为会员之一的牛顿，我们知道他是第一个提出太阳光是由 7 种不同颜色组成的人。然而他在 1675 年提出这一观点时遭到胡克的极大抱怨，因为胡克曾在十年前就做过类似的实验，为此，牛顿后来不得不承认他的发现确实受到了胡克实验结果的启发。两人自此从合作伙伴走向老死不相往来，1687 年，牛顿发表他最伟大的运动定律时，压根没提胡克，尽管有人认为胡克确实有过贡献。我们都知道牛顿有过一句名言："如果说我比别人看得更远些，那是因为我站在了巨人的肩膀上。"每每提到此句，我们都认为这是牛顿对自己伟大发现的谦逊之辞。然而，事实并非如此，他这样说完全是想表明自己的发现和胡克没有任何关系，因为胡克是个非常矮的人，所以这其实是对胡克的侮辱和否定。

当然，牛顿的否定并没有影响胡克在其他领域的探索。老话说得好，是金子总会发光！当时开展显微镜观察微观事物的研究人员远不止列文虎克一人，胡克也是其中一员。他开创性地把植物软木组织切割后放置在显微镜下进行观察，从而发现了一个个小室，其排列整齐有序，并且紧密相连，故将其命名为细胞，这是历史上第一次真正地记载细胞的发现并对其命名。然而，有趣的是，胡克并未将这些发现通过私人途径与列文虎克展开交流，而是将他的发现和昆虫及纺织品显微观察绘图整理成论文集发表了出来。这本《显微图谱》（*Micrographia*）论文集于 1665 年一经发表，便引起了极大的轰动，向世人第一次全面地展示了一个肉眼无法观察到的神奇微观世界，也因此成就了胡克。虽然胡克所观察到的结构并不是真正意义上的细胞，只能算是死细胞留下的空腔，而列文虎克才是第一位观察到活细胞的人，但是人们依旧将细胞的发现归功于胡克，列文虎克只能算是"起了个大早，赶了个晚集"。

有人曾问过列文虎克，是否受到胡克一书的启发才开始了自己的观察，他是极力否认的，并且一直坚称自己从未看过这本书。然而，他的这一说辞很难令人信服。因为这本书一经发表，便风靡整个英国。而当时，列文虎克因为妻子去世，正好来到英国探望他妻子的家人。也正是在这期间，他建立了与伦敦皇家学会的联系，并了解了学会刊物《哲学汇刊》（*Philosophical Transactions*）。在这以后，他与胡克和学会之间进行了频繁的书信往来，不断地将自己的显微发现告知他们，希望获得他们的认可。然而，由于其他研究人员很难获得列文虎克的高放大倍数显微镜，对于他的个人发现，很难一一进行验证，因此并不是十分信任这些结果。他们也多次提出要求，希望列文虎克能够帮助他们构建先进的显微镜，但是均未成功。因此，列文虎克的发现多数只是局限在目前尚存的往来书信之中，只有少数发表于学会会刊。

我们常说，科学的发现往往来自兴趣。正是因为列文虎克对科学的热爱，才有了对显微观察的执著，虽然当时他仍无所成就，但受到胡克细胞学说的启发，他转而尝试观察更为细小的生物体。在一个阳光明媚的午后，他和朋友带着显微镜来到湖边的绿地中嬉戏游玩，并无意中从湖水里取了一滴水进行观察。出乎意料的是，他发现清澈的水中存在许多肉眼无法直接看到的小生物，而且这些细小的生物从未被世人所发现，它们还会在水中游动。这些水滴中微小生物的发现意义，绝对不亚于细胞的发现，它首次向世人证明了另一个生物界的存在，正如当时对地球以外星系的观察，一个是微观的世界，一个是宏观的世界。

醉心于这些精彩的微观世界，列文虎克几乎收集了任何你能想象到的水源样本，并观察其中的微小生物，包括雨水、屋檐后的阴沟水、刚刚收集的水和存放多年的水等。基于简单的工具，开展大量、繁复的样品观察，并因此获得了众多经得住历史验证的发现和科学结论，这也许就是早期现代科学的真实写照。通过长期对不同水源的显微观察，列文虎克发现密封的蒸馏水，无论放置多久也不会产生微小生物，一旦暴露于空气之中就会有微小生物的产生，这应该算是微生物学的开山鼻祖实验。除此以外，他还尝试利用多种化学试剂处理含有微小生物的水，然后观察、统计和分析其中的生命个体变化，并且发现了某些化学品具有明显抑制这类微小生物生长的功效，尤其是针对自己口腔来源的液体样本。观看事物往往需要一分为二，既有美好的一面，也有不如意的一面。列文虎克觉得水中的微小生物很精彩且不可思议，同时也觉得口腔中微小生物的存在很恶心，一心想将其去除。因此，基于自己的体外实验，他开始将抑制水中微小生物的化学品应用于自己的口腔清理，从某种意义上说，这也算是现代牙膏的雏形了吧。虽然这些发现当时均未引起人们的足够重视，但是现在看来，这些发现是那么的伟大。如同流传历史的艺术瑰宝，历久弥坚，科学的魅力也因此隐藏其中。

成名后的列文虎克也开始带学徒学习制作显微镜和观察显微世界。出于好奇心，列文虎克和他的学生开始观察不同动物以及

人的精液，发现了形状类似于蝌蚪、可以游动的生物，这应该是最早针对精子的观察与发现。然而，在后续的历史记载和转载中，人们普遍认为列文虎克将观察到的精子简单地等同于微小的人类，并举证其在信件中的描述。事实上，这些只是他学生的推论，他在与皇家学会的通信中，针对这一结论进行了客观描述和否定。由此可见，列文虎克是一位极其严谨且尊重事实观察的科学家，并且保持了对科学的终生热爱。此外，由于他持之以恒的努力，才铸就了其大器晚成的人生。列文虎克的很多发现都属于无意中的发现，除了水中的微生物以外，他还是第一个利用显微镜观察到血液中存在红细胞的人。然而，当时他在观察自己的大拇指挤出的一滴血时，其目的是想看看其中是否有盐颗粒，没想到却看到了无数个红色且悬浮的圆球。为了验证这些有趣的发现，他还观察了兔子的血，并通过大量的观察和统计，计算得到每个红细胞的直径为 1 英寸（1 英寸≈ 2.54 厘米）的 1/30，约为 8.5 微米，这个值非常接近于现代科学技术所测定的红细胞直径，即 7.7 微米。从这些发现中，我们了解到“有心栽花花不开，无心插柳柳成荫”的事件在科学发现中不胜枚举。但如果我们由此将科学归功于运气，那就大错特错了，因为还有一句话叫作“机会是留给有准备的人的”。一个人在某个领域长期的坚持，看似枯燥乏味，但只有这样，当灵光乍现和意外发生时，才能捕捉并定格这些可能改变时代的瞬间，使之成为永恒，否则只能是从指缝间不经意溜走的光阴。

了解完细胞的发现之旅，大家一定很好奇细胞为什么叫作细胞，或者说被翻译成细胞，它最早的原文又是什么呢？通过查找原始论文，我们知道细胞的原文是英语“cell”，意为小室。至于 cell 为何最终被翻译成现在广为人知的细胞，得从我国的近代史开始说起，历经晚清鸦片战争到中华人民共和国成立。虽然这段时期的中国处于水深火热之中，民不聊生，但并没有阻碍我国有志之士对真理的探寻。越是艰难时刻越能激发人们的潜能，尤其是不屈不挠的精神，从而做出不亚于和平时期的贡献。彼时的中国国门被帝国主义的坚船利炮打开，大批外国传教士涌入中国，随同他们来到中国的还有国外记载各种科学发现的书籍，其中就包括含有细胞描述的外文植物学书籍。对于细胞的翻译，当时国人有过多种版本，例如孙中山先生在给儿子孙科推荐《细胞的智能》（*Cell Intelligence*）一书的书信中，将“cell”翻译为“生元”，而最终把“cell”一字翻译成“细胞”一词的人则是李善兰。

李善兰何许人也？按现在的教育体系来说，他绝对算得上神童。他于1811年1月2日出生于浙江海宁，这是一个位于上海和杭州之间的小城，虽然现代是以盛产皮革而出名，但历史上却名人辈出，如徐志摩、王国维和金庸等。李善兰从小就喜欢研究算术，9岁就可翻阅《九章算术》，14岁时自学《几何原本》，30岁后开始著书立说，如《则古昔斋算学》和《考数根法》等，成为远近闻名的数学家和中国近代数学教育的鼻祖。40出头时，李善兰来到上海，开始翻译西方科学巨著，并坚持了8年之久，成为近代中国科技翻译第一人。1858年，在上海墨海书馆，他与英国传教士亚历山大·威廉姆森（Alexander Williamson）和艾约瑟（Joseph Edkins）共同将英国植物学家约翰·林德利（John Lindley）撰写的《植物学基础》翻译成《植物学》，成为首部西方近代植物学的中文译本，全书共八卷，共三万五千余字，在该书卷二开篇首次提到“细胞”。有趣的是，有人认为李善兰原本将其翻译为“小胞”，但其地方方言常将“小”发音为“细”，从而导致“细胞”一词取代了“小胞”，并沿用至今。不久，《植物学》一书传入日本，在日语中，cell也被翻译为细胞，并进一步衍生出了“细菌”等词。在现代科学术语中，中文的很多翻译早期都是来自日语的翻译，例如原子、分子、科学和社会等词，由中国翻译再传入日本的词却不多，细胞一词是为数不多的翻译之一。除此以外，李善兰还翻译出版了力学方面的《重学》和天文学方面的《谈天》等作品，前者是我国近代科学史上第一部关于运动力学和刚体、流体力学的力学译著，后者则首次将日心说和万有引力等概念介绍到了中国。因此，作为数学家和翻译学家的李善兰对我国近代科学多个领域的发展做出了不可磨灭的贡献。

回顾细胞的发现历程和翻译历史，在滚滚向前的历史洪流中，既有欧洲文艺复兴的助势，也有我国华夏发明的贡献。其中，思想的转变是一切探索的源泉，指南针的运用让航海远行不再是梦想，造纸术和印刷术的发明让知识不再局限于小规模的地理领域，而是让欧洲各国，让欧洲和亚洲，乃至世界各国之间互相串联起来，共同分享神奇的发现和进展。不同学科的交叉和融会贯通所成就的学识通才，也在这一过程中得以尽情发挥才能。在当今学科分类专、精、特、新的中国，基础条件越来越好，突破性的发现却越来越少，十分值得我们反思。回望历史所走过的路，以小小细胞之旅作为切入点，窥一斑而知全豹，期待能给予人们启迪。

2 细胞的外观

《西游记》是我国的四大名著之一，由其改编而来的电视剧则是七零后和八零后的童年回忆，并且成为不可超越的经典。其中令人印象最深刻的两个人物是孙悟空和猪八戒，在原著中对于前者的描述如下："长相圆眼睛，查耳朵，满面毛，雷公嘴，面容羸瘦，尖嘴缩腮，身躯不满四尺，像个食松果的猢狲，虽然像人，却比人少腮。"对于后者的描述则是："初来时，是一条黑胖汉，后来就变做一个长嘴大耳朵的'呆子'，脑后又有一溜鬃毛，身体粗糙怕人，头脸就像个猪的模样。食肠却又甚大，一顿要吃三五斗米饭。"由此，我们可以想象出他们的高矮胖瘦和面目长相。除了神话中的角色，地球上逾70亿人，除了双胞胎和多胞胎之间长得比较相似外，人与人之间在长相上存在巨大的差异，无论是身高、体型还是面相等，都存在千差万别。所谓世上没有两片完全相同的树叶，人与人之间也是如此。当然，如果只做粗略的分类，会发现人和人之间既存在差异，也存在相似点。比如按照肤色分，人可以分为白种人、黑种人、黄种人和棕种人等。对于细胞的模样来说，每一个细胞之间的差异很难区分，但是细细地分类的话，某一类细胞还是具有特定的模样，不同类型之间还是很容易识别的。物以类聚，人以群分，细胞以类分，差不多就是这个意思。

那么，一个细胞到底有多大？这应该是很多人听到细胞这个字眼时想到的第一个问题。如果说你的肉眼根本无法看到，这是一种无法想象的小，那么到底有多小呢？这里有一个直观的比方：如果将一个细胞放大到一粒芝麻那么大，那么这粒芝麻就应该放大到西瓜那么大，放大倍数为两三百倍。如果与最为常见的、直径约为五六十微米的头发丝进行比较，通常它是头发丝直径的五分之一左右，即十几微米上下。而我们人眼能够观察到的两个点之间的最小距离只有100微米，无论你的眼睛离物体有多近或者光线有多强，都无法提高这个分辨极限，这就是我们常说的分辨率。因此，我们的眼睛无法直接观察到一个细胞，必须借助于光学显微镜，才能一睹它的真容。然而，这只是通常情况，由于不同类型的细胞形态千差万别，也由此导致了其个头大小存在显著差异，最小的细胞直径只有五六微米，最大的细胞直径可达200多微米，两者之间相差四五十倍。这让人不禁想到了我国乃至世界上迄今为止最大的单口径天文望远镜，也就是位于贵州、直径为500米的射电天文望远镜FAST，而普通天文台反射式望远镜的口径只有几米或十几米。细胞与细胞之间的差距，在望远镜与望远镜之间的差距上，体现得一览无余，一个可以横跨几座大山，一个只需蜗居一间小屋。

说完大小，我们再说说数目。对于一个体重为70千克的成年人来说，整个身体有四五十万亿个细胞，根据组织类型的不同，大概可以归纳为200余种不同类型的细胞，而且这些细胞一直处于不断的新旧更替之中。这是什么概念呢？说得直白点，我们就来算算一块肉里面有多少个细胞吧。记得两三年前，有人开始研发一种完全由人工培养的细胞所合成的人造肉，当时采用的是来自牛的细胞，最后得到一小块牛排，里面所包含的细胞数量超过千万。

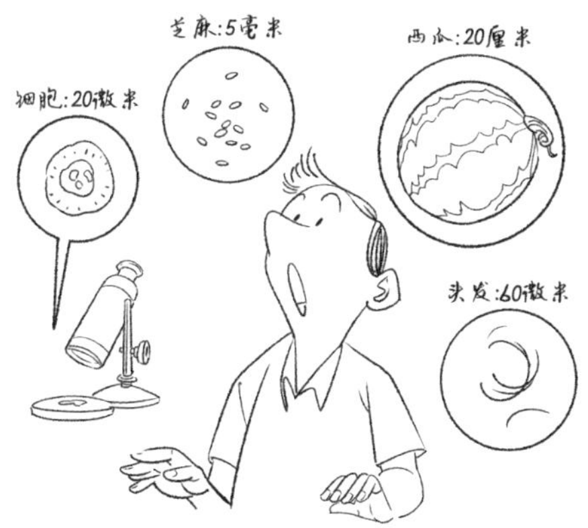

下面按照人体从上到下的顺序，对身体中形态特征最为怪异和最具代表性的几大类细胞的模样及其大小和数目进行介绍，让我们来看一看你的想象能否跟得上大自然的光怪陆离。

在人的大脑中，约有 1700 亿个细胞，其中神经元细胞有 800 多亿个，约占一半，剩余部分主要为胶质细胞，包括星形胶质细胞等。神经元的形态极其像一个小点向四周散射出多条细线，细线有长有短，短线被称为树突，最长的细线可以是其他细线长度的十几倍乃至几十倍，并且有个特殊的名字，叫轴突。为了保护这些长长的轴突，在它们的外面围绕着髓鞘，远远望去，像是一根长长的筷子将一根根小香肠串起来。除此以外，在每一根细线上又长出很多小的凸起，非常像带刺的玫瑰茎秆，在细线的末端还会产生更多的分叉，如果你曾看过分叉的头发发梢，就会立马领悟了，当然，发梢通常只会一分为二，而轴突则会一分为十，甚至更多。这些分叉是干什么用的呢？主要用来和其他神经元进行交流。我们在看关于外星人的电影时，常常会看到这样的情景，人和外星人之间首次接触，彼此伸出一只手臂，打开手指，让两个彼此陌生的生物之间通过突出的指尖进行微微的触碰，以了解对方的目的，感受对方的善意或恶意。神经元之间的交流也十分相似，因此，我们把这些相互接触的端部称为突触。下面，你用自己左手的指尖轻轻地碰一碰右手的指尖，想象一下突触的感觉吧。显然，这种感觉不同于直接的手握手，却也是实实在在的。

根据形态的略微差异和行使功能的不同，神经元可以划分为很多种。但是，如果根据轴突的粗细进行划分的话，它们大致被归为四类，从粗到细，直径从二十几微米到零点几微米不等。别小看这几微米的差距哦，不同的粗细，决定了神经元中信号传导速度的快慢。有时我们会听到别人说某人反应迟缓，脑子转不过弯，是个神经大条。事实上却恰恰相反，神经元的轴突越粗大，反应速度就越快。对于人来说，反应速度往往表现在思考的快慢和动作的敏捷与否，反映在神经元上的话，主要指电流在神经元内部以及神经元之间传导的速度。对应上面提到的四类神经元，电流在其中传导的速度分别相当于飞驰的高铁、急速的汽车、慢慢悠悠的自行车和缓慢的步行。因此，如果说一个人有了触电的感觉，绝对不是一个简简单单的形容，而是发生在神经元里的真实事件。

这一隐藏在特殊细胞里的事件是如何被发现的呢？主要归功于两位英国科学家——艾伦·劳埃德·霍奇金（Alan Lloyd Hodgkin）和安德鲁·赫胥黎（Andrew Huxley）。他们两人合作，在 1939 年，将两根玻璃针插到枪乌贼的神经纤维中，第一次检测到神经元在受到刺激时，会产生电流信号，并提出以他们名字命名的模型，即霍奇金 - 赫胥黎模型，从而开创了神经电生理学领域，成为现代神经生物学研究的主流方向。他们也因此获得 1963 年的诺贝尔生理学或医学奖，和他们一起获奖的学者，还有刚刚提到的神经突触的发现者约翰·卡鲁·埃克尔斯（John Carew Eccles）。这里需要解释的是，为什么他们需要用枪乌贼做实验呢？因为基于当时的技术条件，将玻璃管加热后拉伸形成的针管仍旧比较粗，根本无法插入普通细小的神经元内。而枪乌贼的神经元就不一样了，它身体的外套膜下长有一根根无比粗大的神经元，其轴突的直径比哺乳动物最粗大的神经元还要粗，足有几百微米，甚至上千微米，而长度呢，更是长达几十厘米。这些独一无二的条件，简直就是早期神经科学家们梦寐以求的实验对象，可以简单粗暴地开展实验。当然，随着技术的发展，现在的科学家已经研发出了膜片钳技术，不再依赖于枪乌贼开展实验，无论何种动物中多么细小的神经元，都能够采用该技术进行电流的检测。

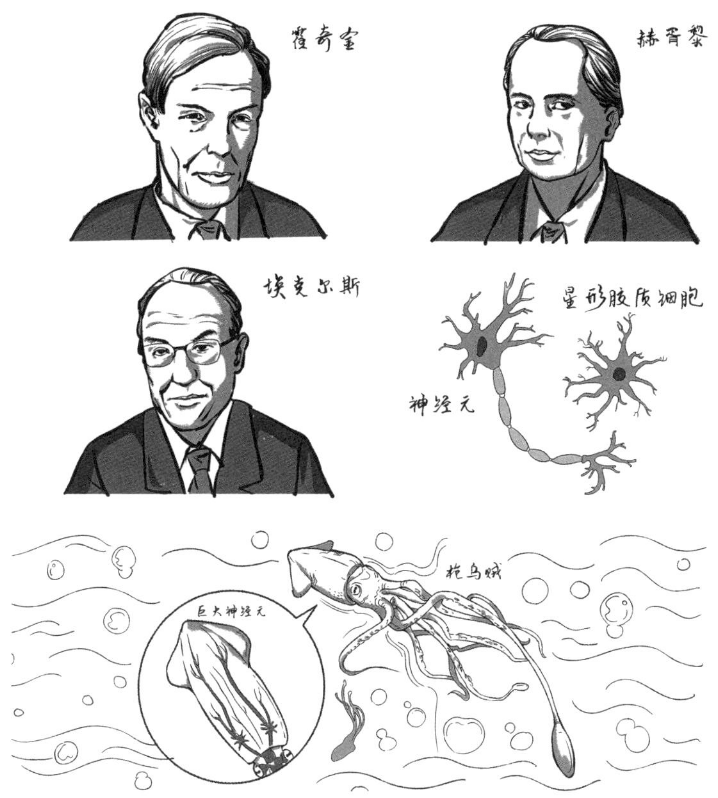

除此以外，大脑中还有一类常常被人忽略的细胞，即胶质细胞。它的长相完全不同于神经元，但是它们也有很多凸起，通常从十几个到几十个不等，而且每个凸起的顶端也会产生细小的分支，远远望去，就像是夜空中闪闪发光的星星。因此，这种形状的胶质细胞被命名为星形胶质细胞。

我们常说眼睛是心灵的窗口，而心灵事实上反映的是一个人的思想。因此，眼睛在解剖学上和神经系统密切相关。人的眼睛好比一台照相机，可以感知外界的光线，并形成图像，经过神经传导给大脑。光线照射到眼睛最外层的角膜，经过瞳孔和晶状体，聚焦到视网膜上。视网膜上的感光细胞，包括视锥细胞和视杆细胞，是眼睛中可以感受光线刺激并把刺激信号投递到神经元的主要细胞。这两种细胞很像两个独眼小人，而且只有一条腿，虽说都只有一条腿，但是脚趾头特别多，而且脚又大，所以站得非常稳。两者的长相差异主要体现在头上，第一位的面相属于方脸、宽下巴和尖脑袋，活脱脱的锥形，故名视锥细胞；第二位虽属圆脸，但是带了一个高高的厨师帽，又似梳了一个直挺挺的扫把头，远远望去长得跟麻秆一般，故名视杆细胞。人的每只眼睛有700多万个视锥细胞和一亿多个视杆细胞。两者的形态差异决定了它们功能上的区别，一种只能感受光线强弱的变化，却不能区分色彩的差异，因此需要另一种细胞来帮忙，如果后者发生损坏或者罢工，就导致了色弱或色盲的产生。

需要强调的是，视杆细胞发挥功能时，哪怕只有一个光子的刺激，也会产生信号，从而保证了眼睛在微弱的光线下也能看到物体。而视锥细胞则需要在强光的作用下，才能发挥作用，分辨出不同物体的颜色。举个简单的例子，为什么我们在夜晚仰望天空的星星时，只能看到白色的星星，而没有彩色的呢？原因在于，自然发光的恒星，其表面温度的高低虽造就了它们拥有红色、黄色、蓝色、橙色和白色等各种颜色，但是由于它们离我们太过遥远，当光线从出发到达地球时，经过了几光年，甚至是几十光年的漫长旅程，已经变得十分微弱，因此我们眼睛中的视锥细胞已经无法对它们进行识别，只能凭借视杆细胞看到白色，这便有了黑色夜空中的白色星星。而月亮离我们相对近多了，所以我们看到的月亮有时呈现白色，有时呈现红色，有时呈现橙色。

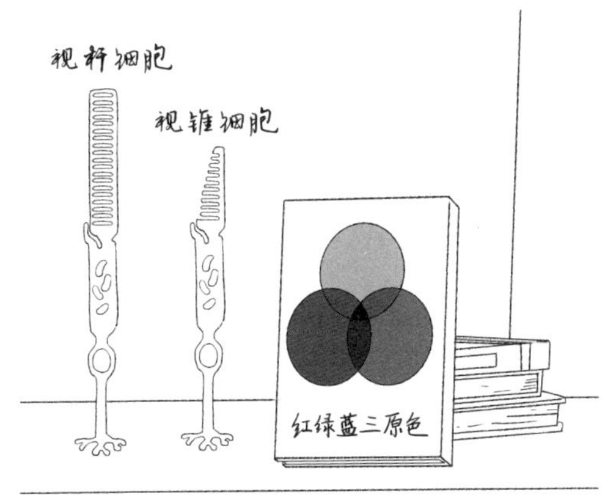

为什么视锥细胞可以识别颜色呢？这是因为，对于人来说，视网膜上存在3种不同的视锥细胞，可以被3种不同颜色的光所激活，分别是红光（R）、绿光（G）和蓝光（B）。作为光的三原色，三者的不同组合以及强弱搭配，形成了我们能够看到的五彩斑斓的世界。但是，对于有些人来说，无论是先天还是后天原因，3种视锥细胞中的一种丢失或者功能损坏，便无法识别三原色中的某一个颜色，从而产生了常说的色盲症。这种疾病对人类来说并不常见，但也不是很罕见，你我的身边都有这样的患者。从这一点来说，我们人类是十分幸运的动物，因为大多数动物只有一种或者两种视锥细胞，因此可以说它们几乎都是色盲，世界对于它们来说要么黑白，要么单色——一片红、一片绿或一片蓝，如同我们戴了红色、绿色或蓝色眼镜所看到的一切，曾经熟悉的事物立刻变得如此陌生，同时又是那么有趣。

说到这里，不得不提的动物便是牛，因为在写这本书时，全球正在经历新冠肺炎大流行的磨难。在中国农历牛年的新年之际，很多单位的楼宇都悬挂了大幅祝福标语：2020 年实“鼠”不易，2021 年“牛”转乾坤。然而，牛可是准色盲，因为牛的视网膜里缺少感受绿色的视锥细胞，所以，在牛看到的世界里，无论是红色和绿色，还是黄色和橙色，都是同一种深浅不同的颜色罢了。既然这样，那举世闻名的西班牙斗牛节上，为什么摇动红色的旗子去激怒公牛呢？说来你可能不信，选用红色并不是为了给公牛看的，纯粹是给围观的人群看的，完全是为了烘托节日的气氛，公牛可不在乎是红色的旗子还是绿色的旗子。它之所以愤怒地冲向旗子，是因为旗子在那里晃来晃去，把它给惹毛了。1923 年，美国人乔治·斯特拉顿（George Stratton）通过实验发现，不同颜色的旗子对于引起公牛的注意力根本没有差别，关键在于旗子挥动的程度，幅度越大，越能激发公牛向前冲的欲望。

既然3种视锥细胞对于人和其他动物来说，无论少了哪个，都会导致对世界的感受不再那么炫彩，那么如果多了一种视锥细胞，又会发生什么情况呢？理论上计算，每一种视锥细胞所能分辨的颜色深浅大概有100种，3种细胞合在一起，可以区分约100万种颜色，如果4种细胞组合的话，可以达到一亿种。虽然早在1948年，荷兰人亨利·卢西恩·德·弗里斯（Henry Lucien de Vries）就提出了四色视的概念，但是直到2007年，英国人加布里埃尔·乔丹（Gabriele Jordan）才发现了一位拥有四色视觉能力的人。如果说某些人具有特异功能的话，四色视者绝对算得上，因为他们可以看见更多我们正常人看不见的色彩。

人体中最为重要的两大系统，一个是神经系统，另一个便是心血管系统。作为动物体中的发动机，心脏需要全天候、全时段地工作，才能保证将血液源源不断地输送入机体的每一个器官、每一块组

织，滋养着每一个细胞。而心脏的跳动，一方面受到神经系统的调控，另一方面主要来自其自身的心肌细胞。形状为纺锤形的心肌细胞，天生就是一个运动健将，哪怕从心脏里被分离出来，也可以在那里一刻不停地跳动，一下、两下、三下……永不停歇。看着这些脉动，似乎也能听到心脏的搏动声，咕咚，咕咚，咕咚。心肌细胞有一个“表兄”——肌纤维细胞，外形更显瘦长，而且中间还有很明显的类似竹节的横断。它们主要存在于全身的肌肉之中，在特定神经元传导的电刺激下，也可以产生跳动，只是它们没有心肌细胞那样爱动，偶尔才动一动，而且没动两下又停下了，十分慵懒。

为什么心肌细胞和肌纤维细胞可跳动，而其他细胞却不能动弹，它们的秘诀在哪里呢？这主要归因于这两种细胞里富含两种外形类似绳索的蛋白。如同套在物体上的绳子，当拉动绳子时，便可以拖动物体。这两种细胞受到神经的信号刺激时，便会鼓动细胞内的钙发生浓度变化，从而进一步导致绳索般的两个蛋白相互拉扯，并最终体现为细胞也跟着运动。因此，虽然有时没有神经信号，但只要钙的浓度有变化，也可以促使细胞跳动，这便是属于它们自己的自主运动。对于心脏来说，如果所有的心肌细胞都自顾自地跳舞，那么就会乱成一锅粥。为此，它们会互相紧密地挨在一起，当一个作为带头大哥的细胞发生跳动时，会把这个节拍迅速传递给其他细胞，让大家跟着它的节奏跳动，于是便有了心脏的搏动。这里大家可以尝试做一个小实验，找几十个朋友站成一长排，一种条件是所有的人手拉手，另一种条件是每个人之间隔上两三米，然后让最左边的人说一句悄悄话给紧挨着他的第二个人，第二个人再将话传给第三个人，以此类推，直至右边最后一个人，让他说出这句悄悄话，看看哪种条件下，这句话在传播的过程中改变小，答案肯定是第一种。对于肌肉来说，当我们缺少最为重要的钙，便会引起肌纤维细胞不受我们支配地抽搐，导致抽筋，那个酸爽，那个疼痛，真是难受死了。因此，常喝牛奶或者多晒晒太阳，补充必要的钙，对于小孩子长个子，或者老人预防骨质疏松，都有着至关重要的帮助，而且对于维持我们的心跳和防止抽筋，也是大有裨益的。

心血管系统，顾名思义，一个是心脏，另一个便是连接心脏并遍布全身的血管。流淌于其中的血液，最为重要的成分当数血细胞。血细胞并不是指一种类型的细胞，而是血液中一群细胞的总称，包含多种类型，少说也有十几种。血液之所以呈现出鲜红的颜色，主要归因于红细胞的存在，因其富含血红蛋白，导致整个细胞为红色，并且红细胞的数目众多，使得血液也呈红色。红细胞的形状为周边厚，中间薄，和传说中的不明飞行物（UFO）正好相反，后者是中间凸起，周边变薄。如果你手里正好有块球形的棉花糖或者面包，在中间按压一段时间，这时呈现出的形状就是红细胞的模样。血细胞中其他类型的细胞基本都是无色或者白色，因此，它们又被统称为白细胞。部分喜欢待在淋巴结或在淋巴管中穿梭的白细胞，个头又圆又小，几乎是体内最小的细胞，它们是淋巴细胞。剩余的白细胞也基本是不规则的圆形，个头稍微大些，但长相略属歪瓜裂枣型，而且有的长了满脸的雀斑，看起来像脸上粘了很多芝麻粒，因此它们中的多数细胞又被称为粒细胞。

对于胖子来说，最为恼人的便是一身甩也甩不掉的脂肪。这些脂肪主要贮存在脂肪细胞里。由于被塞进了太多的脂肪，脂肪细胞看起来就像空空的气泡，只是这个气泡看起来不是那么的圆，有些扭曲，像极了你站在哈哈镜前面，看到里面的你被膨胀到不可思议的程度。气泡在多数情况下是棕色的，有的也呈现出褐色，根据颜色的不同，它们分别被命名为棕色脂肪细胞和褐色脂肪细胞。如果一不小心用针戳一下这个泡泡，脂肪细胞便像泄了气的皮球，逐渐瘪了下去，流出一肚子的油脂漂浮在水面上，和你喝汤时看到汤面漂浮的油滴一模一样。因此，大腹便便之人也有大腹便便的细胞。

有些人胖，有些人瘦，最常见的原因就是吃得多或吃得少，那么这些食物都是在哪里被什么细胞所吸收的呢？这主要归功于肠道里的肠绒毛上皮细胞。上皮细胞呈现极其工整的高柱状，相互之间排列得极其紧密，形成一层致密膜状结构，在这层膜朝外的一面，每一个细胞又长出了绒毛一般的细长凸起，密密麻麻。如果不细看的话，就好像长城的城墙头，一块凸起，一块凹陷，此起彼伏，延绵不绝。它们的主要作用在于，通过绒毛来增加表面积，当经过胃消化后的食物流经这里时，可以最大限度地与食物相接触，尽可能地吸收其中的营养成分，为我们的机体所利用，不能吸收的部分，则以粪便的形式被排出体外。

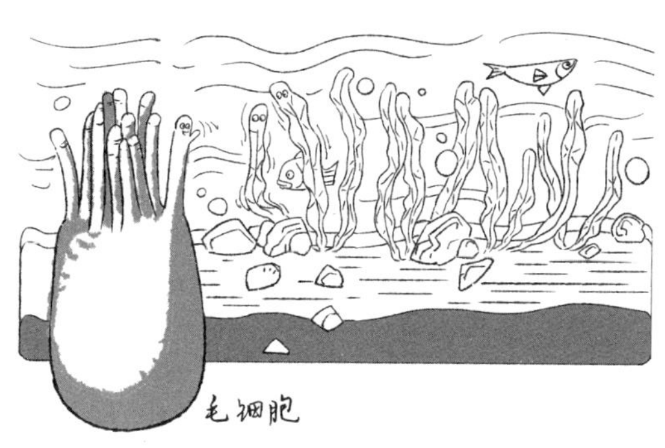

除了肠道里面有进化为绒毛的细胞外，身体里还有两处存在这类细胞，一处是呼吸道的纤毛细胞，另一处是耳朵里的毛细胞。为对付进入呼吸系统的脏东西，防止异物进入肺部，长长的呼吸道内的黏液会粘住这些异物，紧接着，在纤毛细胞的摆动下，一点点地将它们推向我们的口腔和鼻腔，并被我们以痰的形式吐出去或以鼻涕的形式擤出去，这就是恶心的废弃分泌物。当外界的声音被我们的耳朵捕获后，聚集的声波会不断地撞击毛细胞的纤毛，将不同频率的声音信号转变成电信号，并传递给神经。神曲《海草舞》简直就是对这类细胞最为形象的描述，非常值得一听。让我们通过这首歌的歌词来感受一下海草的魅力："像一棵海草海草，海草海草，随波飘摇，海草海草海草海草，浪花里舞蹈，海草海草，海草海草，管它骇浪惊涛，我有我乐逍遥，人海啊茫茫啊，随波逐流浮浮沉沉，人生啊如梦啊，亲爱的你在哪里。”

和以上介绍的所有细胞类型相比，卵子和精子应该是普通民众最熟悉的两种细胞了，前者是女性产生的生殖细胞，后者是男性产生的生殖细胞。但是两者无论在个头还是形态上都有着鲜明对比。前者的个头远远大于后者，犹如一个充满气的皮球，圆滚滚的；而后者，相对来说，只有一颗图钉大小，形状也很相似，一个小脑袋带着一根长长的尾巴。有意思的是，卵子每一次似乎都是作为独生子女产生的，很少会有兄弟姐妹，即便有，也是不定期的，不知道什么时间，到底会有几个，因此，给人的印象总是出乎意料和惊喜，而且每一月只能获得一次机会。而精子就完全不同了，不但每天都会产生，而且每次都是成千上万的数目，如果比作兄弟姐妹，可能有点不恰当，因为数目实在是太多了，精子的产生犹如抓了一把芝麻，散了一地，数也数不过来。

除了在我们的血液和器官里存在多种形态的细胞，在我们每天排出的尿液中，也存在一定数目的细胞。如果一次能够收集100毫升以上的新鲜尿液，通过离心的方式，可以收集到几个到几十个不等的细胞。这里解释一下什么是离心。根据字面的意思，即离开中心，对于一个圆圈来说，中心便是中间的圆心。当我们拿一根绳子，绳子一端系上一个小物品，然后拿绳子另一端开始使劲地甩，便形成一个圆。甩的劲越大，绳子上系的物品越容易被甩出去，我们称这种离开中心的力量为离心力。采用特殊的、可以产生离心力的机器，即离心机，我们便可以使液体中的细胞，在离心力的作用下被甩在一起，成为一团。再通过体外培养的方式，对这些细胞进行扩增，很快就会看到多种不同形态的细胞，有的呈鹅卵石状，有的似煎熟的鸡蛋，也有的呈现梭形。最新的研究表明，它们是多种类型细胞的混合体，但以肾上皮细胞为主。肾脏作为身体进行水分吸收和过滤的重要器官，发挥着重要作用，在水流不断的冲刷下，每天都会有一定数目的肾上皮细胞脱落，随着体液循环，来到膀胱，并最终作为尿液中极不起眼的一分子被代谢出去。这就好比河道的两侧，在水流经年累月的冲击之下，总会或多或少地洗刷下来一些泥土或砂石，随着滚滚流水，或流向远方，或沉积在不远的水底。

3 细胞的内脏

正如一个苹果，从外到里，分别有果皮、果肉和果核。一个动物细胞从外到里也依次分为三层，只不过被起了不同的名字罢了，它们分别是细胞膜、细胞质和细胞核。

如同人有皮肤、树有树皮、鸡蛋有蛋壳，每一种生物总有自己的保护层，阻挡外界对其内部的伤害，细胞膜就是为了保护细胞而存在的。但是这层薄薄的膜状结构，远不是你想象的那样简单。即便采用最为先进的光学显微镜，也很难观察到细胞膜的结构，只能看到一条线，至于线的组成，必须借助于放大能力更胜一筹的电子显微镜。在电子显微镜下，科学家发现这层薄膜又可以分为两层，像是我们在超市买东西时给的一次性塑料袋，使劲搓两下，才发现它是两层结构。别小看这个搓两下的操作，对于塑料袋来说，可能只需要两三秒，对于细胞膜来说，却经历了二三十年。早在 1895 年，查尔斯・欧内斯特・欧文顿（Charles Ernest Overton）通过上万次的不断尝试，远远超过爱迪生发现可以发亮的灯丝时的上千次实验，发现不同的化学物质穿过细胞膜的能力是不同的，可溶于脂质的物质穿透能力最强，并据此得出细胞膜可能是由脂质组成的初步结论。在此之后，直到 1924 年，荷兰科学家埃弗特・戈特（Evert Gorter）和弗朗索瓦・格伦德尔（François Grendel）基于脂质在化学溶剂丙酮中以单分子层自动铺展开的特点，将狗、绵羊、山羊、兔子、豚鼠和人来源的红细胞置于该溶剂中，通过计算不同动物和人来源的红细胞表面积和铺展开的脂质面积，发现两者之间的比例在1∶1.6到1∶2.2不等，绝大多数是1∶2。虽然不同动物来源的红细胞体积和表面积存在差异，但是这一比例却是基本相同的，即恒定。至此，他们才得出细胞膜是由双层脂分子构成的结论。

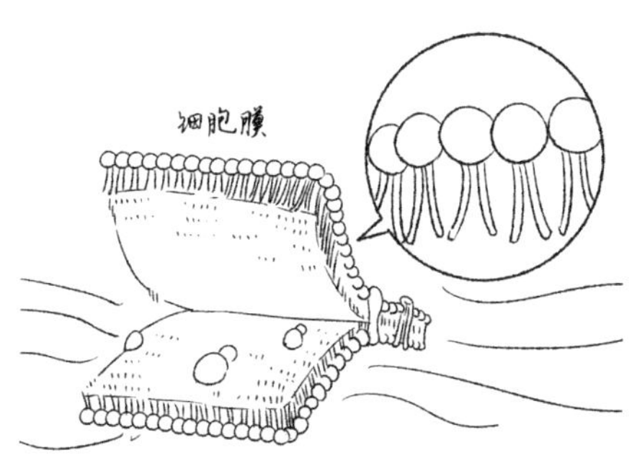

基于早期化学分析技术的介入，人们对于膜的成分又有了进一步的认识，细胞膜主要是由磷脂组成的双分子层。每个磷脂包含一个脑袋和两条腿，其中，脑袋朝向外侧，两条腿相向而对，从而分为上下两层。为什么会是这种奇怪的排列呢？主要归因于磷脂的特殊性格。它的脑袋喜欢喝水，而两条腿却讨厌沾水，因此一旦它们被放到水里，就会自动聚集，形成上面的排列状态。

有趣的是，有的磷脂分子像一个有多动症的小孩，喜欢跑来跑去；有的又像是一个芭蕾舞爱好者，可以踮起脚尖，不停地旋转；有的又像是一个功夫迷，尤其喜欢翻跟头，从膜的一层翻到另一层；有的又像是一位踢踏舞者，一旦站上舞台，腿和脚就会不由自主地抖动，奏出华美的乐章。而磷脂是从哪里来的呢，说白了它们就是脂肪，因此，平时我们对脂肪的摄入还是必需的，至少在细胞膜的合成上，它们是必不可少且有益的。

除此以外，在由脂质形成的不平静的汪洋大海中，还存在众多由蛋白质构成的岛屿或小舟，一眼望去，星罗密布，大大小小，形状各异。至于这些蛋白质的功能是啥，主要是负责细胞外和细胞内两个世界的交通或通信，有时只能发送信号，有时可以传递货物，因此它们既像电话线，又像输油管道。这里我用小舟来比喻蛋白质，可不是随随便便乱说的。因为细胞膜上的绝大多数蛋白质都不是固定在一个地方的，而是可以在脂质海洋中航行。至于这一现象是如何被发现的，得从一个非常聪明的实验说起。科学家给整个细胞的细胞膜上的蛋白质标记了一种荧光蛋白，如同给小舟装上了电灯；然后利用强光照射细胞的左半部分，使左边的蛋白质全部丢失荧光，好比小舟上的灯泡全部被打碎了。当夜幕降临时，人们吃惊地发现，原来没有光的左半部分又慢慢有了荧光蛋白的出现，好似亮了灯的小舟一艘艘地从光明的水域缓缓驶来，照亮漆黑的夜，远远望去，繁星点点。

穿过细胞膜，来到细胞内，映入眼帘的是一个大千世界，虽五花八门，却又井井有条，任何一个人类世界都无法比拟。网上曾经流传一张重庆的立交桥照片，在最复杂的地方，可能有六七层，存在十几条不同的车道。如果将细胞内的微观交通放大到宏观世界里，应该有不少于上千层或上万条车道，那才令人眼花瞭乱。传统立交桥与它相比，真的是小巫见大巫，大家由此可以想象一下细胞内的复杂程度。小小的细胞为了在有限的空间内，最大限度地利用自身的资源，往往是一个元件身兼数职。就拿我自己来说吧，在家当爸爸，在外当司机，在单位既当老师，又当技术员。细胞内网格除了为细胞质内的其他元件提供交通要道，同时还要承担支架的作用，防止细胞塌陷，既像国家体育场“鸟巢”的钢筋骨架，又像我们人体的骨骼，因此，我们给它们起了一个形象的名字叫细胞骨架。

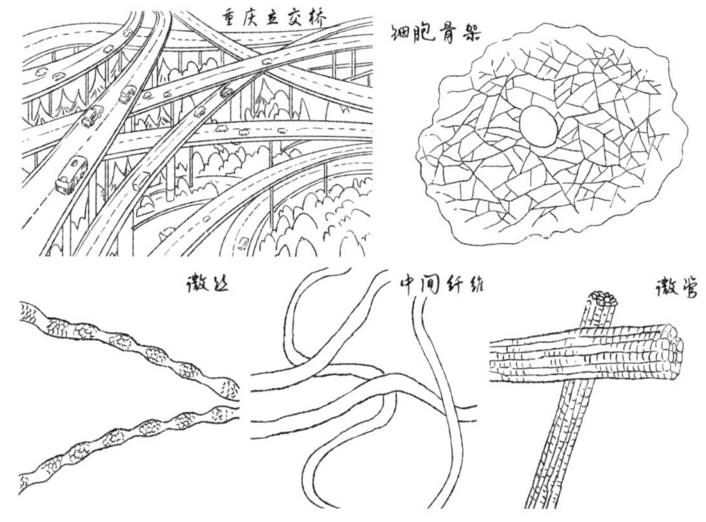

所谓条条大路通罗马，为了达到同一个目的，我们可以采取不同的方法。为了起到细胞内交通和支撑的目的，细胞骨架也采取了不同的策略。按照骨架的粗细不同，它们被分类并命名为微丝、微管和中间纤维。第一种是由蛋白质组成的实心细丝，后两种是由不同的蛋白质环绕组成的空心结构。无论是立交桥还是“鸟巢”，一旦建成，便是永久性的标志建筑，任它日晒雨淋、风吹雨打，也不会拆拆建建。与现实世界不同的是，细胞骨架时刻处于高度动态的变化过程中，上一秒，这里还有一根微管，下一秒，可能已经分解消失；前一秒，那里还是空无一物，后一秒，已经合成了一根微丝。这些变化既可以处于完全的自动化状态，又可以进行手动化操作，活脱脱的一个拥有未来高科技的人工智能交通系统。为了实现手动调控，我们可以利用两种特异性的药物：秋水仙素和鬼笔环肽。乍听此名，不要以为它们是来自魔幻剧里的杜撰名称，它们可是分别存在于植物秋水仙和蘑菇鬼笔鹅膏中的剧毒物质。一些看似美丽的鲜花或者路边的野生蘑菇中，往往含有令人胆战心惊的致命成分。

这些密密麻麻的细胞骨架只是细胞质中的冰山一角，其复杂度远非一个螺蛳壳里做道场可比拟，身居其中的内质网、高尔基体、溶酶体、线粒体才是真正的主角，我们将它们统称为细胞器。有了这些细胞器，细胞才有了灵魂，正所谓“山不在高，有仙则名，水不在深，有龙则灵”。我们也可以想象它们是一台台空旷厂房里的机器，有了它们，工厂才能正常运转，生产产品。除了这些大家伙，还有一些小家伙，如同快递公司里来回穿梭的分拣机器人，它们分别是核糖体和中心体。下面我们将分别介绍这些主要机器的模样、功能及其发现者。我们首先介绍一位重量级人物，他就是被称为细胞生物学之父的吉斯·罗伯茨·波特（Keith Roberts Porter）。

波特于1912年6月11日出生于加拿大新斯科舍的雅茅斯，家中排行第三，有两个姐姐。和很多人一样，他18岁高中毕业，进入加拿大历史最为悠久的大学之一——阿卡迪亚大学学习生物，并且兴趣十分广泛，当过会计、小号手、学校乐队副指挥、话剧舞台经理以及学生会生物学会主席等，为其后半生的领导能力奠定了基础。22岁大学毕业后，他进入美国哈佛大学，先后获得文学硕士

学位和生物学博士学位，研究的主要方向是青蛙的发育。26 岁博士毕业那年，和大学同学喜结连理，之后便来到普林斯顿大学，继续博士期间未完成的研究。在这里，他发明了一项了不起的技术，即把青蛙受精卵中雌性来源的染色体挑出来，只留下雄性染色体，形成孤雄单倍体胚胎。仅仅过了一年，可能觉得之前的研究过于无趣，他又自荐来到纽约洛克菲勒研究所的病理和细菌学实验室，开始研究肿瘤。虽然新实验室的课题负责人建议他研究是什么物质引起了肿瘤的发生，但是他对此并不感兴趣，依旧玩着他的青蛙，因为他想弄明白到底是什么影响了细胞的生长和分化这一最基本的生物学问题。然而，不幸的是，新工作开展不到两年，他和他的夫人被误当成结核病患者关进了医院进行强制性疗养，不得不放弃之前的研究。虽然如此，他也没有放弃研究，借助于医院里的实验室，他阴差阳错地发现培养环境的变化显著影响结核杆菌的形态。受此启发，他茅塞顿开，开始着手建立细胞体外培养的一系列标准，并最终成立了全国性的细胞生物学协会。

当然，这些标准的最终建立，还得益于另一个大事件的助推。彼时，德国的物理学家们发现电子可以替代传统光学显微镜成像时的光，极大地提高显微镜的分辨率，从0.2微米提升到0.2纳米，并在1939年构建了第一台电子显微镜。1944年，波特和其师兄以及电子显微镜工程师一起，首次利用电子显微镜对干燥后的细胞进行了观察。由于干燥后的细胞丢失了很多信息，为了更好地获得真实细胞的形态，波特改进了细胞培养条件和保存条件，终于成功地获得了首张且完美的超分辨率细胞图像。在这张划时代的图片中，细胞的中间较厚，电子无法穿透，所以呈现出黑色的一团，而细胞的周边铺展得很薄，可以清晰地观察细胞内部的精细结构。他们还发现了一种新的网状结构，并将其命名为内质网。在此之后，波特和众多合作者一起，利用电子显微镜，分别发现了鸡肿瘤细胞里的病毒颗粒以及我们刚刚提到的细胞骨架中的微管精细结构。由于电子显微镜成像对细胞样本的准备十分苛刻，波特为了得到完美的图片，在细胞培养基、操作流程、组织和细胞样本的切割等方面开展了长达数十年的不懈奋斗。他成立了美国细胞生物学会，培养了一批现代细胞生物学研究者。除此以外，鉴于当时的学术杂志很难出版高质量的图片，无法为读者呈现高水准的显微图片，波特又于1954年牵头成立了一本全新的杂志《生物物理和生物化学细胞学杂志》，并于1962年更名为现在的知名学术期刊《细胞生物学杂志》。

那么，波特发现的内质网到底是什么呢？通常情况下，对于一个动物的组成成分来说，大家首先想到的一定是瘦肉和肥肉。这是通俗的用语，如果说得专业一点的话，前者的主要成分是蛋白质，后者的主要成分是脂肪。细胞作为组成身体的最小生命单位，是如何生产这些蛋白质和脂肪的呢？这就得归功于内质网。

它是由膜组成的扁平且多层的网状结构，而且有的网状表面附着了很多凸起的小颗粒，像极了我们在吃火锅时点的牛百叶。根据有没有小颗粒，这些网状结构被分别命名为糙面内质网和光面内质网。在这台复合机器的运转之下，组成蛋白质的氨基酸和组成脂肪的脂类分子分别被两种不同的内质网有规律地拼接起来，从而形成各种各样的蛋白质和脂肪，以供细胞和机体使用。

紧接着，生产出来的蛋白质产品还不能直接出厂，需要进一步打磨和贴标签，这样才能形成一个合格的产品分发到不同的地方，而完成以上后续的工作主要依靠高尔基体。从外观上看，高尔基体非常像新疆人吃的馕叠加起来，周边略微膨大，中间凹陷且扁平。如同一个刚刚出厂的定制化产品，根据不同客户的需要，厂家还会增加一些附属功能，然后贴上发往不同国家的标签和文字说明，最后经物流输送出去。蛋白质在高尔基体内便经历了不同的修饰，比如在上面贴块糖标签或者加一串闪闪发光的磷分子等，一旦完成，这些经过装饰的蛋白质便被运输到细胞内其他细胞器或细胞外，参与各项细胞活动。

好奇的人在这里肯定会问，为什么叫高尔基体呢？为什么不叫大饼体或者新疆馕体，明明形状很像啊。如果我单独问你高尔基是什么，你一定会回答是人名吧。因为我们的初中语文课本中有篇文章《海燕》，它的作者就是苏联作家高尔基，而我们要说的则是另一位高尔基。他的全名叫卡米洛·高尔基（Camillo Golgi），于1843年7月7日出生于意大利布雷西亚的卡尔太诺，一个山脚下的小村庄。由于他的父亲是一名医生，高尔基在帕维亚大学学的也是医学，22岁毕业后也成为一名医生。没多久，他成为当时一位著名精神科医生的助手，并跟随他步入了大脑研究领域。之后，高尔基进入病理学研究所，向小他3岁的指导老师朱利奥·比佐泽罗（Giulio Bizzozero）学习，利用显微镜进行前沿的实验医学观察，从而正式开始了他终其一生针对神经系统的研究，并在29岁时成为一名小有名气的临床生理病理学家。后来，受其父亲的鼓动，他又来到离米兰市不远的一个小镇医院，竞聘获得首席内科医生一职。

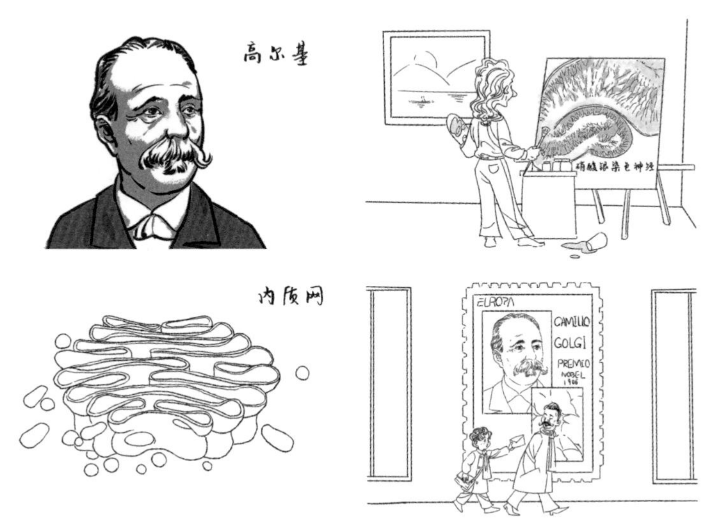

小镇医院很小且科研条件有限，他就把自己住所的厨房改造成一个简陋的实验室，并在这里做出了改变其一生的实验。从现代角度来看，这个发现有些微不足道，但在当时却是石破天惊的事情。当时，整个神经学领域都在试图利用显微镜对神经组织进行观察，比如大脑切片，但是这其中存在一个难点，细胞是透明的，根本无法观察到形态，采用已有的染色方法进行着色总是不尽如人意，从而导致整个研究领域陷入了瓶颈。高尔基也在这个方向展开了研究，并在1873年2月16日给其好友尼科洛·姆弗雷迪（Nicolo Manfredi）的书信中写道："我在显微镜上花了无数的时间，终于惊喜地发现，利用硝酸银替代传统染料进行染色，可以完美地展示出大脑皮质中间隙基质的纤维结构。”这便是奠定了现代神经生物学研究的发现，简单却极其有效，终于使得人们可以一睹神经元的容貌，并被先后命名为“黑色反应”和“高尔基染色”。

基于这个重要发现，高尔基又回到了之前的大学，先后担任教授和校长，一切都是水到渠成的事。利用黑色反应，他继续对神经组织进行观察，发现了神经元的轴突存在分支以及树突之间没有融合，并提出神经冲动通过无缝融合的轴突进行传递的理论。然而，他的这一理论受到了挑战，西班牙巴塞罗那大学的圣地亚哥・拉蒙・卡哈尔（Santiago Ramón y Cajal）就是其中一员。后者同样采用黑色反应，却发现神经元的轴突之间存在着间隙。显然，后期的研究证明了高尔基的理论是错误的，但这并不妨碍他对神经学发展的贡献，他和卡哈尔共同获得了1906年的诺贝尔生理学或医学奖。除了以上这些，高尔基还有一个不是发现的发现，他在1897年对脊神经节进行黑色反应后的染色观察，看到了一种细胞内的网格结构，并将其命名为“内部网状细胞器”。这个结构是不是独立的细胞器以及是否有功能，一直无法定论，争吵持续近半个世纪，直至电子显微镜出现，人们对这个细胞器再次观察，才得以最终确认，并命名为高尔基体，以纪念高尔基本人。此外，意大利于20世纪90年代推出了印有高尔基头像和黑色反应后神经元图片的邮票，以纪念这位医学科学家。

然而，任何机器和操作总有出错的时候，即便这种出错概率在细胞内是极低的，但万一出错，生产出了不合格的蛋白质怎么办呢？别急，这就轮到溶酶体上场了。它就像细胞内的垃圾桶，而且是一个具有降解和分类功能的现代化智能垃圾桶。在讲究垃圾分类的今天，溶酶体绝对算得上是祖师爷级的产品。一旦发生错误的蛋白质被丢进了溶酶体，便会被降解，从蛋白质变成起始的单个氨基酸，释放出来的氨基酸又会被重新利用，参与到新蛋白质的合成当中，并循环往复。这个过程绝对属于绿色环保且可持续发展。

溶酶体的发现来自一个美丽的意外。故事得从第一次世界大战时期开始说起，主人翁克里斯汀·德·迪夫（Christian de Duve）于 1917 年 10 月 2 日出生于英国伦敦附近的泰晤士迪顿，祖籍是比利时，父母分别是比利时人和德国人，由于第一次世界大战，一家人被迫逃难到英国。战争结束后，在迪夫 3 岁时，全家又回到了比利时西北部的港口城市安特卫普，当地的居民主要使用方言赫兰德语，官方语言为法语，在这样的成长环境下，迪夫学会了 4 种语言，为其后期阅读各国科学文献奠定了基础。战后短暂的和平时光让他有幸在 17 岁时顺利进入鲁汶大学学习并主修医学专业。至于为什么会选医学，和现在多数家庭指导子女选择大学专业的主要原因一致，为了方便找工作。由于成绩优秀，他被允许进入实验室学习，跟随学校生理学实验室的约瑟夫·布凯尔特（Joseph Bouckaert）教授学习并研究胰岛素对糖吸收的影响。1941 年，迪夫大学毕业，本打算放弃做医生，开始全面主攻胰岛素作用机制的研究，但是天不遂人愿，第二次世界大战爆发。在战争期间，他先是进入部队待了一段时间，然后又不幸被敌军抓做俘虏，幸运的是，他侥幸逃生。劫后余生的他又回到学校，继续之前未完成的课题，花了 4 年时间，利用生物化学手段解析了胰岛素发挥作用的机制，并撰写了长达 400 页的学位论文。虽然小有成绩，但是迪夫还是深感自己生物化学知识的匮乏，因此，1946 年至 1947 年间，他先后来到瑞典斯德哥尔摩诺贝尔医学研究所、美国华盛顿大学洛克菲勒基金会和圣路易斯，跟随 4 位诺贝尔奖获得者学习，短短的一年多时间深深地影响了他一生的科研生涯。

游学生涯结束，而立之年的他回到母校，成为医学系的一名老师，讲授生理化学课程，并在 4 年之后荣升为教授。在这段时间，他组建了自己的独立小实验室，拥有 1 位技术员和 5 位学生，人虽不多，但个个都是精兵强将，他们试图搞明白肝脏中调控糖代谢的主要酶成分。然而，正如迪夫自己所说，命运似乎已经注定，虽然在主攻方向一直无所建树，但他意外地发现了包含多种酶的细胞器，尽管当时只是观察到了这些新的细胞器且并不了解其中的奥妙。彼时，整个细胞生物学领域由于电子显微镜的应用，已经全面进入了显微结构时代。在美国洛克菲勒研究所，年长迪夫 20 余岁的比利时人阿尔伯特·克劳德（Albert Claude）和罗马尼亚人乔治·埃米尔·帕拉德（George Emil Palade）发明了差速离心法，并利用该方法获得了不同的细胞器，应用于电子显微镜的观察。所谓差速离心法就是基于物体大小和重量的不同，在不同离心速度下，下沉的速度不同，被聚集在不同的层面，从而捕获并富集具有类似特性的物质。利用这些新方法，虽然这两个人已经观察到了众多与已知细胞器不同的新结构，但是对其成分和功能却依旧一无所知，因此，他们亟待找到一位懂生物化学的专家一起合作，由此便找到了克劳德的老乡迪夫。

基于他们三人的密切合作，终于在 1955 年，确定了迪夫之前发现的含有多种酶的细胞器是一种拥有全新功能的新细胞器，他们把它命名为“溶酶体”，为此，三人共同获得了 1974 年的诺贝尔生理学或医学奖。除此以外，迪夫还发现了另一种与溶酶体具有类似功能却包含不同酶类的新细胞器，即过氧化物酶体。迪夫不但在科学领域有所贡献，在获奖以后，还撰写了多本关于思考生命的书，从 1984 年开始，几乎每 5 年就写一本，非常值得大家一看，如《生机勃勃的尘埃》。

无论是机体的活动、细胞的活动，还是上述各种细胞器的运转，都需要能量的驱动，如同使用电器需要电，汽车行驶需要汽油，离开了能量，一切运动都只能趋于静止。在自然界中，为了获得能源，我们开发了多种技术，包括风力发电、太阳能发电、火力发电、核电等。对于动物来说，获取能量的方式主要就是吃东西，当然烤火或者晒太阳也是不错的方式，但是对于机体来说，这些只能作为辅助方式。至于我们吃的食物，无非就是瘦肉、肥肉、蔬菜和糖类等，说得专业一点的话，分别是蛋白质、脂肪、纤维素和碳水化合物。那么这些物质最终是如何变成能够被利用的能量的呢？这得归功于线粒体。

线粒体也是细胞质内具有双层膜结构的特殊机器，它的属性是细胞的发电机和生命的能源工厂。顾名思义，线粒体可以给细胞源源不断地提供能量动力。对于动物来说，最需要能量的部位当数肌肉中的肌纤维细胞了，常说的“没有劲跑不动”，便是腿部肌肉缺乏能量了。因此，早在19世纪中叶，科学家就在这类细胞中观察到了线粒体的存在，限于当时的显微技术水平，只是观察到一个个颗粒状结构。经过半个世纪的技术发展，德国的卡尔·本达（Carle Benda）再次回望这些结构时，发现这些颗粒有时呈现线条状，有时又呈现颗粒状，线粒体由此得名。在此后的一个世纪里，各国的科学家们不懈努力，最终破解了线粒体里隐藏的奥秘。

为了更好地研究线粒体，我们首先得想办法更好地观察它，然后再分离和提纯，以方便研究。而这些工作的完成，主要得益于多位化学家的贡献，采用不同的染色方法，一步步提高效率，才最终明确了线粒体的主要功能之一是将吃进体内的食物所包含的能量释放出来。在生物医学领域，有个专有名词来解释这些能量释放的过程，我们称之为氧化还原反应。那么，什么是氧化，什么是还原呢？当我们把苹果切开，没多久，切口处的苹果颜色由白色变成褐色，这便是氧化，主要拜空气中的氧气所赐。如果这时将酸酸的橘子汁抹在上面，颜色又由褐色变成白色，这便是还原，主要是橘子中维生素C的功劳。除此以外，我们在绘画时使用的颜料在一段时间之后会发生颜色的变化，也是由于发生了氧化还原反应所致。据此，当化学家们用不同颜色的染料去染线粒体，根据颜色的变化，便猜测到了线粒体中发生了什么样的化学反应。当然，这些研究只是掀起线粒体功能研究的冰山一角，结合当时快速发展且成熟的化学技术，线粒体中多种多样的化学反应和参与反应的酶等一一被挖掘出来。

其中的代表性人物之一当数德国化学家奥拓·海因里希·瓦尔堡（Otto Heinrich Warburg）。他于1883年10月8日出生于

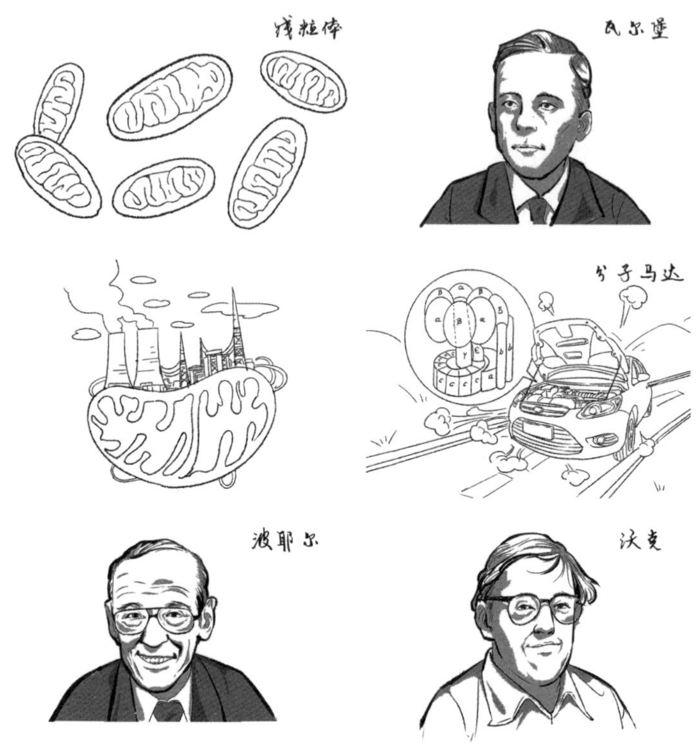

科学世家，其家族是德国犹太人后裔，家族成员源于16世纪的犹太银行家族，个个非富即贵。他的父亲是当时有名的物理学家，在物理领域，有以其父亲命名的瓦尔堡系数和瓦尔堡元件。在这样的家庭中，奥拓拥有良好的教育和成长环境，长大后跟随诺贝尔化学奖获得者埃米尔·费歇尔（Emil Fischer）学习，23岁便获得化学博士学位，28岁又获得了医学博士学位。基于早期的学习经历，他将化学知识充分地应用于对生命过程的理解，从早期植物细胞中的二氧化碳吸收和利用到后期的肿瘤细胞研究。他的一生中有两个重要的发现，第一个便是发现了线粒体中参与氧化还原反应的多种酶，从而解析了食物中储存的能量如何在线粒体上被转变成电子和氢离子并释放出来，由此获得了1931年的诺贝尔生理学或医学奖；第二个发现便是以他的名字命名的瓦尔堡效应，不但和他父亲一样留名青史，而且青出于蓝更胜于蓝。

那么线粒体中释放的电和氢又是如何被再次利用的呢？难道其他细胞器真的像汽车一样，只要通电或者加氢就能跑起来了？虽说道理基本差不多，但是过程却完全不同。这得从线粒体的膜结构说起，作为两层膜的结构，其外膜形状如同花生壳，坑坑洼洼处遍布小孔，其内膜则发生了翻天覆地的内卷，形成了类似迷宫一样的内部结构。虽然没有希腊神话中禁闭牛头怪的米诺斯迷宫那般复杂，但形状看起来还是十分神似。在这些内膜上镶嵌了无数珍贵且结构精细的小马达，马达分为两个部分，一头较小且固定在膜上，另一头较大且可以旋转。在前期产生的电子和氢离子，形成高低不同的电压或浓度，在此条件下，两者如同水流一般，从高流向低，当穿过马达，从马达的一头流向另一头时，便推动马达旋转。想象这个景象，是不是和水力发电以及旋转水车十分相像啊。在马达的旋转作用下，降解后的物质最终转变为腺苷三磷酸（ATP）。ATP含有巨大的能量且可以被直接利用，在线粒体内一旦合成后，便通过外膜的孔隙释放出去，并被运输到其他的细胞器，促使各种化学反应的发生，并维持生命的运动。这个水到渠成的故事，涉及两位生物化学家，历经20多年才得以画上句号。先由美国人保罗·波耶尔（Paul Boyer）根据化学实验结果提出了细胞内水流发电的假说，后由英国人约翰·沃克（John Walker）解析了小马达具体由哪些零部件组成，从而验证了该假说，两人由此共同获得了1997年的诺贝尔化学奖。

虽然线粒体的结构和功能已经被了解得十分清楚，但是其起源却一直是个不解之谜。因为线粒体作为细胞质内的一个独立细胞器，其中居然包含遗传物质，而在除细胞核以外的其他细胞器内都是没有遗传物质的。因此，全世界的线粒体研究爱好者们便展开了各种脑洞大开的奇思妙想，最终有了两种比较靠谱猜测：第一种是线粒体是细胞核的一部分，以出芽的方式释放出去；第二种来自进化学说，认为有些细菌被细胞吃掉后，没有被消化掉，而是和其共生，进而转变为线粒体，为细胞服务。这两种猜测都没有实质性的证据，似乎都有道理，但到底谁对谁错，也许有待将来的你来解开这个世纪谜题。

细胞质里的故事基本就是这样。对于一个小小的细胞来说，另外一个重要的使命就是保存遗传物质。虽然线粒体里有那么一丁点，但是那些只能算是鲨鱼牙齿缝里塞的一点小虾米。如果遗传物质发生损伤的话，轻则会导致细胞功能紊乱，重则会导致各种遗传性疾病的产生。因此，为了更好地保护它们，它们被安放在细胞最中心的位置，而且外围又包裹了一层膜，作为细胞的核心，这一结构被称为细胞核。围绕细胞核的膜被称为核膜，核膜的结构完全不同于细胞膜的结构，它的表面有很多小孔，方便核内和核外的物质互相往来。现在，我们都知道遗传物质主要是脱氧核糖核酸（DNA），然而，如果把每一个细胞内的DNA拉长的话，可达2米之长，那么它们是如何被塞进直径小于6微米的细胞核内的呢？这只能归功于大自然的神奇奥妙，DNA将空间几何学应用到了极致，先围绕几个小的蛋白质形成的聚合体进行缠绕，好似在一颗颗珍珠上绕线圈，形成一串串念珠状结构，紧接着，再将这些念珠进行两次不同的折叠，分别形成纤维和丝状，最后，再相互叠加这些丝状结构，形成名为染色质的高级结构。想象一下一根蚕丝如何形成一个蚕茧，就可以很好地理解这一过程了。只是DNA涉及很多次、不同花样、有规律的折叠，而蚕茧只是一种乱七八糟的胡乱缠绕。

通常情况下，这些被紧紧缠绕的 DNA 物质是不发挥任何作用的，只是静静地待在那里。一旦有需要，这种紧密的结构便会十分有序地松散开来，暴露出来的 DNA 细丝如同一串写满指令的秘密代码，指导着细胞核内无处不在的核苷酸形成一串明眼人都能看得懂的文字，我们把这些具有明确文字意义、串起来的核苷酸称为核糖核酸（RNA）。RNA 一旦形成，便会顺着核膜上的孔洞钻到细胞质中，来到内质网身边，在核糖体的帮助下，进一步指导蛋白质的合成和生产。由于细胞核内的 DNA 不能直接参与到细胞质的活动当中，而穿梭于两者之间的 RNA 起到了类似邮递员的作用，因此，这类 RNA 也被称为“信使”。因为这个发现是在半个世纪之前，如果在当今被发现的话，恐怕这类 RNA 会被称为“快递小哥”。

以上介绍都是针对一个细胞的结构和活动，除此以外，大家经常听到的一个词就是细胞分裂，一个细胞变成两个细胞，这是怎么回事呢？针对细胞分裂的介绍，涉及两个非常专业的概念：有丝分裂和减数分裂。前者指的是，一个细胞在变成两个细胞之前，其细胞核内发生剧烈的活动，之前已经紧密缠绕的染色质会先自我复制，由一根变成两根，然后再进一步缠绕，形成棒状结构，被称为染色体，如果说先前还是一摊稀泥状，这时便形成了有形状的泥块。接下来，轮到细胞质里的小家伙中心体登场了，它们会跑到细胞相对的两极，然后借助于增强的微管和微丝，齐心协力地拉扯和引导细胞向两端走，并最终将细胞质和细胞核一分为二，形成两个完整且一模一样的细胞。这一过程的反复循环便导致了细胞数目的增加，我们也称这一过程为细胞增殖。每一轮循环的时间通常从几小时到几十小时不等，也由此决定了细胞生长速度的快慢。

对于减数分裂，指的是染色质在细胞分裂的前期并没有发生自我复制，因此，在分裂时，染色体是减半分配到后代的两个细胞中，从而使每个子代细胞中的染色质数目减少至原来细胞的一半，减数一词由此而来。无论是雄性动物还是雌性动物，正常的

体细胞都不会发生减数分裂，只有在生殖系统内，才会发生减数分裂，由此产生了只含有身体其他部位细胞中一半遗传物质的生殖细胞，即精子和卵子。只有当精子和卵子相遇，合在一起，形成一个细胞之后，才能重新回到拥有正常染色体数目的状态。

4 细胞的社交圈

以上介绍足以体现出细胞是一个功能十足的小家伙，可谓麻雀虽小，五脏俱全。但如果由此认为细胞是个狂妄自大、喜欢自娱自乐、不善于交际的家伙，那就大错特错了。事实上，虽然有一小部分细胞很腼腆、很内向，但大多数细胞都是“交际达人”，更甚者，有的细胞可以为了朋友“两肋插刀”。

为了高效地利用体内空间，所有的细胞之间几乎挤得无缝插针，由此可见每个细胞之间如胶似漆般的亲密关系。别看细胞与细胞之间排列得整整齐齐，它们可不光是背靠背或者面对面的关系，几乎每个细胞之间还会手拉手。而且这种拉手的方式可谓五花八门，有的松，有的紧，有时甚至还会通过拉手的方式来互相传递物品，互通有无。多数情况下，它们依赖于细胞膜表面镶嵌的蛋白质，而且这些蛋白质表面又抹了一层糖，从而使它们的黏性更强。想象一下，如果将不同浓度的糖水打翻了，用手指去抹的话，能很明显地感受到不同程度的黏稠感。基于不同模式的连接，既保证了细胞的整齐排列，又保证了细胞之间可以相互交流。一旦这种排列发生变化，细胞就会从原有的位置上溜走，溜走的后果时好时坏，也不见得全是坏事。有的时候，溜走的细胞会导致损伤产生；有的时候，溜走的细胞是为了去别处救急，不可一概而论。

因此，除了血液里的细胞在全身顺着血管流动外，其他的细胞也并不是全都被固定在某个位置一动不动。血细胞的移动很好理解，好似脑壳般大小的椰子跌落海中，顺着海浪流向世界各个角落。其他细胞如同海龟，没事时都是缩着脑袋和四肢，要么躺在沙滩上享受日光浴，要么窝在那里睡觉，只有饿的时候，才勉强动两下，或者需要迁徙时，才会顺着洋流远行。无论是在身体里，还是将这些细胞取出来进行体外培养，你都会发现它们完全是顽皮的小孩，不但喜欢到处乱跑，而且还具有特殊的本领，比如缩骨功。一旦细胞遇到比自己个头还小的通道，就会缩小身体钻过去，之后再恢复原状，十分神奇。尤其是那些方头方脑的家伙，它们的体形会发生明显的变化，先是棱角消失，变成椭圆形，之后又变成梭形，方便穿梭。至于它们是怎么移动的呢？它们主要靠细胞膜向外凸起，形成一个个细小的伪足，这些伪足很像八爪鱼，但是通常不止八条腿，一点一点地向前挪动它那肥大的身体。除此以外，它们很难抵御诱惑，一旦有了吸引它们的物质，就会拼了命地向这些诱惑移动，直到能够吃到这些美味，就像猫见到了咸鱼，狗闻到了肉骨头。

如何证明细胞可以挪动它那只有圆圆脑袋或大大屁股的身体呢？我们知道老鼠是非常好动的小动物，不但速度快，而且还很聪明，只有猫、蛇和鹰等动物可以轻而易举地将其逮住，对于我们人来说，如果徒手去捕捉的话，难度犹如登天。神经生物学家们喜欢拿老鼠做实验，其中一个就是水迷宫实验。研究人员将一只老鼠丢在水池中，水池中再放置一个露出水面的平台，然后观察老鼠需要多长时间、游了哪些地方才找到可以休息的平台。他们先拍摄视频，然后利用计算机画出老鼠的游泳轨迹。一只正常的老鼠可以很轻松地找到这个救命的露台，而一些较笨的老鼠，其游泳轨迹简直就是一团乱麻。细胞生物学家采用同样的观察手段，给一个体外培养的细胞拍摄视频，然后再画出它的挪动轨迹。

细胞的轨迹非常像老鼠在水迷宫里的游泳轨迹，有的是直线，有的是曲线，有的是一团乱麻，只不过前者慢如蜗牛，后者动如脱兔。曾经有人拍过一段视频，将一个细菌放在一个细胞旁边，细菌会因为布朗运动而不由自主地跑来跑去，这个细胞便跟在它后面撵，直至将这个细菌吞进肚子里才肯罢休，十分有趣。

对于自己的“左邻右舍”，细胞之间可以通过交头接耳或者稍微挪动一下身体达到相互交流的目的，那么对那些“远房亲戚”，细胞之间又是通过何种方式进行交流的呢？是采用古时的狼烟，还是发电报、打电话、网上沟通？想多了，这些都是我们人类独有的通信手段，细胞可没有这些技能。但是，这也难不倒它们，为了和远处的细胞进行交流，它们会用吐泡泡的方式，将要传递的信息包裹在细胞膜内，形成一个封闭的泡泡，然后任其飘向远方。颇像小时候大家都爱玩的吹泡泡，泡泡有大有小，随着微风吹过，有的泡泡可以飘到很高、很远的地方。一旦到了新的地方，这些泡泡便会破裂或者和其他细胞的细胞膜融合，然后释放出包裹在里面的重要信息。在一次完美的长距离信息传递过程中，为了节省资源，一个泡泡里包含的信息往往不止一条，可能有几条、几十条，甚至上百条。为了有别于其他的沟通方式，人们给这些特殊的泡泡起了一个非常洋气的名字——外泌体。这便是爱吹泡泡的调皮细胞，而且几乎每一个细胞都是吹泡泡高手。

相较于细胞器的发现历史少则半个世纪，多则几个世纪，外泌体的发现尚不足 40 年。1983 年，两个不同的研究组在一周之内相继报道在绵羊网织红细胞内发现了直径约为 50 微米的小泡泡。1985 年，加拿大的罗斯・马梅卢克・约翰斯顿（Rose Mamelak Johnstone）将这些泡泡正式命名为外泌体。有趣的是，外泌体一词在 4 年前就已经被使用过，只不过当时并不是指这些泡泡而已。虽然外泌体早期在血细胞中被发现，但是，约翰斯顿等人陆陆续续地发现它们也存在于其他众多细胞类型中，并发挥重要的通信作用。值得一提的是，我们在前面所提到的在细胞领域有过贡献的人物基本都是男性，约翰斯顿是为数不多的女性科学家之一。

约翰斯顿于 1928 年 5 月 14 日出生于波兰第三大城市罗兹的一个犹太家庭，不久后第二次世界大战爆发，全家逃难到加拿大的蒙特利尔。战后世界处于全面的经济衰退期，作为工薪阶级的移民在加拿大的日子更不好过，很多家庭都只能保证家里第一个孩子上学，弟弟妹妹只能辍学帮衬家里。虽然约翰斯顿在 4 个兄弟姐妹中排行第二，但得益于她的母亲是一位积极的女权主义者，她最终得以完成高中学业并顺利进入麦吉尔大学学习微生物学。在大学期间，她刻苦学习，多次获得奖学金，还换了一次专业，最终主修生物化学，并在 22 岁顺利毕业，25 岁获得博士学位。此后，她正式步入科研行列，历经助理教授、副教授和教授。在工作期间，她并不是一帆风顺，深受当时的性别歧视影响，并为此开展了积极的斗争，直至67岁退休。回顾她的一生，她不但在专业领域取得了骄人的研究成绩，而且为提高女性在学术界中的地位做出了巨大贡献。

当然，也不是所有的信息都必须通过泡泡的形式才能进行传递，对于那些相对稳定的信息物质，细胞会直接把它们吐出去，任其在细胞外自行穿梭。这些信息物质要么可以提高其他细胞活性，要么可以促进其他细胞挪动位置，而且每一类都是一个大家族，拥有众多的家族成员，这些家族包括生长因子、细胞因子和激素等。曾经乃至现在，市场上总有一些商家打着细胞因子能够美容的高科技口号进行宣传，实际上用的就是这类细胞分泌因子的浓缩物。不同类型细胞分泌的因子往往存在很大的差异，因子的浓度更是千差万别，如何才能保证达到有效的浓度，是一个关键的问题。因为浓度太低，往往不能发挥足够的刺激或诱导作用；浓度太高的话，过强的刺激和诱导又会适得其反，导致细胞的命运发生恶性转变。因此，细胞分泌因子的使用绝对算得上是一把双刃剑。除此以外，细胞分泌物中还有一类关键的物质，那就是激素。细胞分泌因子主要是蛋白质类物质，而激素中部分为脂质类物质，并且激素的发现和应用远远要早于细胞分泌因子。最为大家所熟知的细胞分泌激素是生长激素和肾上腺素，前者与孩子的身高相关，情绪激动时的热血澎湃则是拜后者所赐。

除了蛋白质和脂类，细胞直接分泌的物质中还有一类也很皮实，那就是DNA。针对这些DNA的研究开创了无创DNA产前检测时代，让全球数以万计的孕妇受益。推开这扇时代大门的人是中国学者卢煜明，他也因此被称为无创DNA产前检测之父。至于他是如何发明这项技术的，则要从一次聚餐、一碗泡面和一场电影说起。

1963 年 10 月 12 日，卢煜明出生于中国香港一个精神病专家和音乐老师组成的家庭中，得益于良好的家庭环境和父母的熏陶，他先后进入英国剑桥大学和牛津大学学习，花了 10 年时间，陆陆续续获得文学、医学、外科学和哲学相关的学士、硕士和博士学位。在这 10 年间，他首次接触到了当时前沿的技术聚合酶链式反应，简称为 PCR，这是一种可以将少量的核酸在体外进行大量扩增的技术，如同复印机一般。而技术的学习并不是目的，只是手段。对于卢煜明来说，在接触并熟练掌握了 PCR 技术后，他一直在思考能否利用该技术检测孕妇体内的胎儿。为什么要做这件事呢？因为他在妇产科实习的时候发现，针对孕妇的产前检测主要采取羊水穿刺的方法，这项技术存在一定风险，可能会伤及胎儿。为此，他一直在思考是否有更好的检测方法。在和同学的一次聚餐中，大家在讨论所有年轻夫妻都喜欢讨论的话题——要不要小孩，喜欢男孩还是女孩。由于长期思考这些问题，卢煜明灵光闪现：如果胎儿是男孩，他的染色体就和他的母亲完全不一样，通过收集孕妇血液中的细胞，利用PCR技术检测其中的染色体片段，应该就能检测到。而且从来都没有人做过这个检测，卢煜明带着这个激动的想法说干就干。他利用PCR技术测试了19名孕妇，在其中12名中检测到了男性特征的细胞，而且她们最后确实生了男孩，没有检测到这类细胞的孕妇都生了女孩。这个发现最终在1989年发表于著名的临床研究类学术期刊《柳叶刀》。

1997年，香港回归，卢煜明学成回国。他本想继续之前的产前检测研究，但是苦于孕妇血液中的胎儿细胞较少，得到的检测结果往往不够准确，假阳性或假阴性的结果时常可见，这让他一筹莫展。直到他在学术期刊《自然医学》中看到其他学者关于癌症患者血液中肿瘤DNA检测的文章，他大受启发。因为从某种程度上来说，胎儿和肿瘤对于个体来说都是一个突然从无到有的产物，既然肿瘤细胞的DNA能够被检测到，没有理由检测不到一个三四斤重的胎儿的DNA。又带着一丝激动，他开始了孕妇中胎儿DNA的检测，但是这一次就没有那么幸运了，因为孕妇的血浆中充斥了太多的蛋白质和孕妇自身的DNA，受限于当时的技术条件，他很难提取到微量的胎儿DNA。“幸运之神总是眷顾有准备的人”这句话在他的身上得到了淋漓尽致的体现。这一次，他在煮公仔面的时候突发奇想，如果把孕妇的血液拿去煮一煮会发生什么情况呢？想法虽然天马行空，但是他真的去这么做了，并且结果出乎意料的好，胎儿 DNA 浓缩了 10 万倍。他再次在之前的著名医学期刊上发表了这一发现，首次报道在孕妇体内发现并成功检测到胎儿的游离 DNA。就这样，从之前的一次聚餐到这次的一碗泡面，8 年的坚持改写了产前检测历史，也改变了他的人生，从此各种荣誉纷至沓来。

荣誉没有阻止他的思考和前进的步伐，只是让他明白了什么叫“能力越大，责任越大”。在产前诊断中，最为重要的一个筛查是唐氏综合征筛查(简称唐氏筛查)。而针对唐氏筛查不是简单的定性，而是需要定量，对检测精度的要求更高。如何将前期建立的技术更好地应用于唐氏筛查以及其他遗传性疾病的筛查，是一块难啃的骨头。为此，他先后尝试了精确度更高的数字 PCR 技术以及可以直接读出 DNA 精准序列的技术，从而一步步将唐氏筛查的准确率提高到接近百分之百。在这之后，还有一个更大的目标在吸引他——其他遗传疾病的筛查，如果想要检测到它们，必须了解整个胎儿的 DNA 序列，想要做到这点，几乎是不可能完成的任务。直至 2009 年的一个夏天，卢煜明和夫人在电影院观看《哈利·波特》，当片头哈利的首字母 H 从屏幕上缓缓出现时，犹如一道闪电击中了他。H 的形状酷似染色体的结构，他瞬间想到孩子的遗传物质一半来自爸爸，一半来自妈妈，如果有了父母的 DNA 数据，就可以拼接出胎儿的 DNA 碎片。2010 年，他终于和团队在孕妇的血液中获得了胎儿的全部 DNA 图谱，在全面的无创产前诊断方向上又迈出了坚实的步伐。目前，无论是在产业界，还是在医疗界，该技术已经彻底转变为推动社会进步的巨轮，载着人类驶向更为美好的明天。

听完卢煜明针对细胞分泌物质检测的故事，想必大家一定激动不已了吧，这就是科技造福人类的力量。但并不是所有的故事都那么鼓舞人心，接下来要说的故事，一定会让你唏嘘不已。

去过医院体检或者看病的人应该都有这样的经历，无论疾病大小，医生一般都会建议我们抽几管血，等拿到检测报告后，再决定下一步的诊疗方案。由此可见，细胞分泌到血液中的物质检测已经成为看病时必不可少的一环。但是目前的检测流程还存在很多不足之处，首先，抽取患者的血液较多，其次，等待检测结果的时间较长，再次，一次检测的指标不多。如果有什么方法可以一次性解决上述多种问题，真的是十分了不起。一家位于美国硅谷，成立于2003年，名为希拉洛斯（Theranos）的公司就致力于解决上述问题。该公司的名称由英文单词“治疗（therapy）”和“检测（diagnosis）”掐头去尾后合并而成，公司的愿景是获取患者指尖的一滴血，真的是一滴血，通常为50微升，将其滴在一个和信用卡大小相仿的检测盒中，然后再放置于微波炉大小的机器中，在短暂的时间内，分析得到超过200项的检测指标。无论是血常规，还是肝功能、癌胚抗原等，统统不在话下。如果这个项目真的能实现，不但是对检测技术的革命，更是对治疗的极大帮助，绝对能够改写现有的诊疗体系。因此，公司在成立的短短几年内，便得到了美国政商两界众多名流的青睐、支持和参与，一个妥妥的全明星阵容。公司虽然没有一分钱的销售额，却获得了超过6亿美元的投资，估值更是超过90亿美元。它更是与全美最大的药品零售连锁店之一Walgreens建立了战略合作关系，任何人想要验血的话，不再需要去医院，只要去药店，随到随检，结果立等可取。正当一切都朝着美好的方向发展时，突然之间，大厦轰然倒塌。阳光下五彩缤纷的肥皂泡泡一下褪去了颜色，在空中破裂，变成雾花，消失得无影无踪。

一切犹如过山车，而坐在车里操纵这一切的人，正是伊丽莎白·安妮·霍姆斯（Elizabeth Anne Holmes）。小朋友经常被问到的一个问题是将来长大了想做什么，很多人的回答要么是老师、医生，要么就是不清楚。而小小的霍姆斯却非常明白自己想要什么，她想成为一个亿万富翁。因此，在她进入大学仅仅一年时，年仅 19 岁的她就带着一个不成熟的发明专利毅然退学，创立了我们刚刚提到的公司钉希拉洛斯。由于她的母亲出生于美国最为富有的家族之一，父亲毕业于美国著名的西点军校，并经营一家不错的公司，得天独厚的富人圈生活和人脉让她轻而易举地拿到了首笔来自邻居的投资，并在日后借助其父亲的人脉，将不成熟的产品推广到军队应用，从而获得了政府的背书。如果光凭外界因素，希拉洛斯还是很难在创业公司遍地开花的硅谷占有一席之地。作为公司的创始人，年纪轻轻的霍姆斯还是有其过人之处的。她在公司采取了 360° 无死角的监控和全方位的管控，无论是走廊、生活区，还是研发区，以及电脑网络，只要有任何员工或外人对公司的产品提出质疑，哪怕是同事之间讨论产品，都会立马被驱逐，或收到她亲自发出并抄送给全体员工的邮件，而邮件的内容就是卷铺盖走人以及保密协议。在外人看来，一切似乎都是商业公司为了技术保密使然，事实却是金玉其外，败絮其中，生怕露馅。除此以外，霍姆斯展现出了超越同龄人的社交技能，无论是针对投资人还是合作公司，采取的策略都是利用一个谎言覆盖另一个谎言。由于有众多名流人士的撑腰，所以很多人都对她深信不疑，即便有少数人质疑，也是敢怒不敢言。而当谎言成为一种习惯之后，连她自己都可能信以为真，“假亦真时真亦假，真亦假时假亦真”。但是，作为一种直接服务于患者的产品，如果掺有水分，亏钱是小事，人命可是大事。当产品真刀真枪地应用时，不可靠的检测报告，夸大其词的效果，终究无法熄灭一线医疗机构和广大患者的怒火。

虽然大多数细胞之间相互连接和交换的物质有所差异，但基本属于常规物品，好比快递员配送的物品。但是有些非常特异的细胞却不做上面提及的任何事情，它们只专注于自己的本职工作，传递某一种类型的物质或信息，效率极高，相当于专业化的特种军事运输，这就是神经系统的神经元。由于神经元的形态发生了夸张的变化，已经不是传统意义上的圆形细胞，也不是方形或五角形细胞，而是一个身体带有多条长长的触手，而且每个触手上面又有多条细细的分支，在不同神经元的细小分支相互靠近的地方形成了局部的膨大，类似于两个圆盘靠在一起，相邻而又不接触。基于这样精细的结构，神经元在接收到外界信号和刺激的时候，会迅速地将其体内的物质——主要为神经递质和电流，从一个圆盘传递给下一个圆盘。这一传递速度堪称迅雷不及掩耳之势，绝对可以算得上体内冠军，从而保证我们拥有快速的反应能力。

正如前面所说，这些促进细胞之间相互交流和沟通的各种物质，在正常的情况下都在发挥它们自身的积极作用，而且无论是分泌的时间、空间，还是分泌量的多少，都受到了细胞的严格调控。一旦这些因素受到扰动，轻则导致炎症产生，重则导致严重的炎症风暴。对于刚刚经历新型冠状病毒肺炎疫情的人们，对后者绝对不会陌生，因为媒体的报道中常常提到的患者死亡原因之一，便是鼎鼎大名的细胞因子风暴。由于短期内急剧地产生大量的细胞因子，其他细胞无法正常处理，导致细胞功能紊乱及其所在器官衰竭，最后引起机体死亡。除此以外，在肿瘤的免疫治疗后期，患者死亡的重要原因之一也是细胞因子风暴。如同在炎炎夏日中，斜风细雨不须归的惬意自是不必多说，然而，一旦风雨骤然升级成暴风雨，一切便成了炼狱。

如果你问我，身体组织里到底是细胞多还是分泌物多，我也没法回答你，但是如果你要问，假设这些细胞都消失了，这些因子还会存在并发挥作用吗？我的答案是肯定的。细胞的分泌物中含有多种类型的物质，既有蛋白质和脂类，也有多糖。当它们混在一起的时候，往往又会相互作用、相互交联，从而为这些细胞提供立体的支架结构。当采用特殊的灌注技术将位于其中的细胞完全去除时，便获得了一个完整的脱细胞支架。这些支架保存了丰富的细胞分泌物，因此，如果重新在其中注入细胞的话，细胞犹如回到了老家，很容易形成一个新的组织或器官，而且可以用于移植治疗。除此以外，基于这些天然结构的模拟，科学家们已经可以采用人工合成或者 3D 打印技术在体外直接构建这类支架。支架的材料多种多样，为了更好地模拟细胞的分泌物，可以在这些材料中加入具有活性的因子，这便推动了细胞组织工程学的诞生。在这类支架材料中，最为出名的当数水凝胶，几乎占据了当今组织工程界的半壁江山。这是一种果冻样的物质，通过化学交联技术将多种不同长短和大小的化学分子连接起来，不但具有结构韧性，而且能够吸附维持生命所必需的水分。已有的科学研究表明，基于包含细胞因子的水凝胶种植不同类型的细胞，已经在脊髓损伤后的神经修复以及关节损伤后的恢复中展现出了非常可喜的进展，而这些疾病依靠传统的医疗手段几乎无药可救。

随着对细胞分泌物的深入了解，医学家们还用各种细胞因子来治疗疾病，让这些因子造福人类。当明确了不同因子的功能和它们所影响的细胞功能后，我们已经可以精准地利用单个细胞因子进行某种疾病的治疗。除此以外，还有一大类不容被忽视的可分泌蛋白质，那就是抵抗外敌入侵的抗体。无论是细菌、病毒，还是其他“坏”细胞，我们体内的细胞都可以快速且精准地识别，从而分泌抗体，对抗这些入侵者。抗体主要在血细胞中生成，因此，一旦产生，便可以通过血管快速到达入侵部位，从而发挥疗效。作为起个大早，却赶个晚集的抗体治疗，其真正的春天才刚刚开始，随着生产技术的成熟、工艺的稳定和成本的降低，相信它作为前沿的生物治疗方法，一定会在不久的将来大放异彩，造福普通百姓。

细胞间的交流，还有一个大家最熟悉，但是尚不清楚的实例，便是我们的肠道细胞和大脑细胞之间的交流。当我们非常焦虑的时候，常常会感到肠胃不舒服；当我们的肠道感到难受时，又会反向影响我们的思考。越来越多的证据表明，这是两者之间通过细胞的分泌物，经过长长的体液循环，相互影响的结果。尤其是对于后者，英文中非常形象地用“肠胃感觉”（gut feeling）来表达“直觉”。

既然任何生物都具有生命周期，那么细胞也不例外。在完成它的使命之后，很多细胞会主动退出舞台，为后面新生的细胞提供上台表演的机会。它们退出的方式多彩多样，有坏死、凋亡、自噬等。如果说人有夕阳红，对于细胞来说似乎也是夕阳无限精彩。很多情况下，逝去的细胞不仅仅是消失，更像“落红不是无情物，化作春泥更护花”，它们表现出浓浓的情怀，滋养着周边的细胞，为它们提供营养。

刚刚提到的三种退出方式，对于细胞来说，有着不同的故事和不同的结局。

先来说一说最常见的死亡方式，即细胞坏死。如果将其与人类的死亡方式相比较的话，细胞坏死更像是被杀死，而且很多时候都是迫不得已，例如冷兵器时代的刀光剑影、战争时期的枪炮、和平时期的车祸等，结果往往都是血肉模糊，死相难看。对于细胞，如果遇到刀割火燎或者日本动漫人物奥特曼的光线照射，首先会发生细胞膜破裂，紧接着，一肚子的零部件如同哆啦 A 梦百宝箱般的口袋一样不受控制，往外蹦跶。突如其来的一切，对于周边的细胞来说可不是天上掉馅饼，它们实在无福消受，一系列的不良反应便接踵而来。

第二种死亡方式是细胞凋亡，又被称为程序性细胞死亡。根据字面的意思很容易猜到细胞是按照一种程序，一步一步走向消亡，类似电脑程序，已经设置好，一旦启动，就可以按部就班地完成。这种死亡方式，如同人类的寿终正寝。相比于细胞坏死时的血雨腥风，这种主动的细胞死亡方式则显得温和许多。虽然细胞膜在这个时候没有破裂，但是它们会在不同的部位内陷或出芽，从而将一个完整的细胞分离成数目众多、不同大小、由细胞膜包裹着的一个个独立的小泡泡，每个泡泡包裹着不同的零部件，防止零部件泄露到外面。我们知道蝌蚪一出生是有尾巴的，在最终变成青蛙时，尾巴会逐渐消失，而不是一下子断掉。为什么会消失呢？这主要归因于尾巴里细胞的凋亡。因此，细胞程序性死亡对于机体的正常发育至关重要，不但有利于器官的生长，而且在每时每刻发生的细胞新旧交替中，更是发挥着无可替代的作用。

至于细胞凋亡的发现，主要归功于约翰·福克斯顿·罗斯·科尔（John Foxton Ross Kerr）。1962 年，他在英国读博士时，导师给了他一个课题，让他检测肝脏的血管被结扎后肝组织皱缩的细胞变化过程。3 年之后，他在这项工作中发现很多肝细胞出现了坏死，而有些细胞虽然没有坏死，但是也会分崩离析，最终消失殆尽，只是细胞膜没有破裂罢了。这个现象类似于坏死，却又不完全相同，因此，他将其称为坏死性皱缩。毕业后，他回到自己的家乡澳大利亚的昆士兰大学，进一步采用电子显微镜，继续观察这种新的细胞死亡方式，并对囊泡的形成进行了详细的记录。1970 年，英国阿伯丁大学病理系的罗伯特·柯里（Robert Currie）主任来到布里斯班进行短暂的交流访问，当科尔将他的电镜结果展示给柯里时，立刻引起了柯里的兴趣，并告诉科尔，他和安德鲁·威利（Andrew

Wyllie）在肾脏组织中也观察到了类似的现象。在柯里的建议下，科尔来到阿伯丁大学和威利一起，在不同细胞类型和不同条件下对这一现象展开了更为细致的研究。1972年，三人共同署名发表论文，将这一现象取了个新的名字，叫细胞凋亡。至于为什么叫凋亡，是因为阿伯丁大学希腊语系的一位教授的建议。在希腊语中，凋亡意味着花瓣从花朵上凋零，或者树叶从树上飘落，非常形象地描述了他们观察到的现象。在起初的几年里，细胞凋亡并没有引起同行的关注，但是随着研究的深入，这一研究方向已经成为了细胞研究领域的主流方向之一。著名学者王晓东教授便在这个领域做出了卓越的贡献，为控制细胞的生死存亡找到了一把把关键的钥匙，并因此当选美国国家科学院院士，是改革开放后中国大陆留美人员中获此殊荣的第一人。

早在20世纪90年代中期，溶酶体的发现者迪夫就发现了细胞的自我吞噬现象，并将其命名为细胞自噬，但是并没有引起太多研究者的关注，直至一位悠闲一生的日本学者大隅良典（Yoshinori Ohsumi）的出现，才最终于不经意间将自噬从冷门推向热门。大隅良典1945年2月9日出生于第二次世界大战时的日本福冈，他出生后没多久，日本宣布投降，全国上下民不聊生。由于家庭贫困且缺乏食物，他自小就弱不禁风，在体育、艺术和文学等领域也是一无所长。但庆幸的是，广阔的大自然让他得以在田间、溪流和山野中快乐地玩耍，抓鱼捕鸟是他的家常便饭。除此以外，上大学的哥哥隔三岔五地给他带回来很多科普书籍，让他打发时间，同时开阔了视野，并对科学产生了兴趣。高中时，大隅良典看到各种奇怪的化学反应，一下子被吸引住了，并在进入东京大学时选择了化学专业。但是，很快他发现化学很无聊，于是转到了刚刚兴起的现代分子生物学专业。在他研究生时期，日本处于一个政治动荡的年代，各种社会运动时有发生，尤其是在东京地区。为了更好地专注于自己的研究，在博士研究生的第二年，他毅然从东京搬到京都大学，并在那里认识了自己的夫人，在26岁那年结了婚。毕业后，由于工作难找，在导师的建议和推荐下，他第一次离开日本，来到美国洛克菲勒大学从事博士后研究。然而，由于导师给他的研究方向是胚胎发育，和其攻读博士期间针对大肠杆菌的研究大相径庭，他始终不得要领，实验进展缓慢，让他头痛不已。正在此时，实验室来了一个“玩”酵母的高手，他便更换了研究方向，和这个高手玩起了酵母。之后，他没有再如同猴子掰玉米一般，掰一个扔一个，而是终其一生沉浸在酵母的世界中。

32岁那年，大隅良典结束博士后工作，终于得到了一个回国工作的机会，在东京大学担任研究助理。虽然实验室上司从事大肠杆菌研究，但是上司人很好，所以他得以继续在那里玩自己的酵母，并在这段时间里，开始着手酵母里空泡的研究，这被大

家认为是细胞中的垃圾箱，所以基本没人感兴趣。就这样，一晃10年过去了。43岁那年，他又有幸获得了东京大学的一个教职，终于建立了自己的独立研究小组。起初的实验室条件十分简陋，只有一台震荡仪、一台培养箱、一台分光光度计和一台光学显微镜。正是凭借这些仪器和为数不多的几位研究生的共同努力，他发现了控制酵母中空泡产生的关键基因，并在此后陆陆续续发现了几十个相关基因和这些基因的功能，从而将长期以来关于自噬现象的粗浅观察推向了更深层次，这也让他在71岁那年荣获诺贝尔生理学或医学奖。回顾这些发现，他将其归功于两个方面，一是自己好奇心的驱使，而不是哪些热门研究哪些，二是运气，因为酵母中的空泡足够大而且喜欢动来动去，让他得以利用简陋的光学显微镜就能够观察到，如果非要借助电子显微镜才能干活，他肯定是没戏的。如今，大隅良典还在从事自噬研究，只不过研究重点已经从酵母转向了动物细胞，希望将自噬与更多的疾病联系起来，早日造福于人类。

5 细胞也可以被“养”大

说到“养”字，对于不是从事生物医学研究的人来说，一定很难理解，细胞要怎么养呢？难道像养小孩和小动物一样，每天给它喝水、吃饭和穿衣服吗？如果这样想的话，只能算是说对了一半，因为和孩子相比，细胞真的是太娇贵了，稍微不小心，就会发脾气、绝食，甚至死掉。那么，到底该如何培养细胞呢？

首先，我们得建立一个非常洁净的房间，是不是只要地上没有灰尘或者纸屑，看起来整洁就可以了呢？这只能算是第一步，对于细胞来说，最怕那些看不见的小家伙，比如细菌和病毒，尤其是细菌。为了将空气中的细菌降低到不危险的程度，需要对进入这个房间的空气进行极其高效的过滤。既然细菌看不见，又如何检测房间是否达到洁净要求了呢？这就需要借用微生物学中的知识，找一个小瓶，装入高温杀菌后的培养基，然后将小瓶子放置在房间的不同位置，过些天看看小瓶内是否有茁壮成长的细菌斑块，并根据房间的空间大小和斑块的多少，计算两者之间的比例。通过这些比值参数，同时结合其他悬浮颗粒物的统计，就可以定量地分析这个房间的洁净程度了。通常情况下，细胞要求的最低水平是百万级，如果能够达到十万级或者万级，那就更棒了。现在知道了吧，仅简简单单的空气就需要这么讲究。只过滤空气是不是就够了呢？还差一步，通常空气的过滤还不能如此的高效率，为了进一步提高洁净度，降低细菌颗粒数，还需要增加对于细菌来说犹如天敌的紫外线，它几乎可以百分之百地杀死细菌。

当然，紫外线也只能杀死被它直接照射到的物品表面或者空气中的细菌，对于躲在阴暗角落的坏分子就有点力不从心了。为此，紫外线还有一项特殊本领，那就是将空气中无处不在的氧气进行分解和重新整合，变成具有腥臭味的臭氧。别小看臭氧哦，它可是细菌和病毒的天然杀手呢。与紫外线相比，它可以钻进各种犄角旮旯，揪出坏蛋分子，打得它们满地找牙。而这一切，也仅仅是为了养好细胞做的前期铺垫。

下面，该轮到我们上场了。但是，如果你就这么直冲冲地闯进细胞房，那可就且闯大祸了。好比有人正在暗室里冲洗胶卷，突然被你打开了房门，虽不至于一切都灰飞烟灭，但至少也是前功尽弃。正如厨师炒菜要戴高帽，医生看病要穿白大褂，养蜂人要穿防护装备，每一行都有自己特定的行头。作为一位养细胞人，这行头可算得上全副武装，包括一次性帽子、一次性口罩、一次性手套、反穿衣，以及鞋套。这一切可不是为了好看，一方面是为了自我保护，防止有毒试剂或病毒等污染或入侵自身，另一方面也是为了防止我们对细胞的污染。虽然空气已经洁净了，但是我们身穿的外套、呼出的空气以及头发里都藏有大量的细菌和病毒，稍有不慎，就会随着气流飘落出去，形成新的污染源。为了降低风险，上述的装备就显得必不可少了。当穿戴好这些装备后，还需要在手套上喷洒些浓度为 70% 的酒精，然后走进一个叫作做风淋的小隔间，待上一会。为什么要用 70% 的酒精呢，因为这个浓度的酒精对细菌和病毒的杀伤力最强，低了或者高了都不是最佳的，甚至反而无效。那么风淋又是什么呢？我们知道洗澡时用的淋浴，水从上面流下，风淋就是让风代替水，从上而下地吹，这样也是为了尽可能地吹去衣服外侧黏附的尘土和细小的污染物。完成以上步骤，就可以正式开始养细胞的操作啦。

我们身体的正常体温是37℃，温度过高或过低都会让人难受，体内的细胞也是如此。因此，我们为它们准备了一个可以维持37℃的箱子，同时，为了更好地模拟细胞在体内的舒适环境，还需要增加一定的湿度和氧气。针对前者，只需要在箱底放上一小盆水，让其自然挥发就可以达到了。而增氧呢，我们需要准备一个经常在医院里见到的大钢瓶，只不过里面装的不是氧气，而是液态二氧化碳。研究人员将气体通入箱子后，通过调节进气量的大小，精准控制氧气的比例，通常的数值是15%。那么是不是所有的细胞都需要这个温度和氧气浓度呢？对大多数哺乳动物的细胞来说是可以的，但是昆虫细胞的培养却在30℃左右，一些特殊类型的细胞所需要的氧气浓度也会更低，甚至低到5%或1%，我们把这种情况称为低氧。虽然我们人体在缺氧或低氧的情况下会极其难受，但是对于有些细胞来说却是如同天堂一般享受。可见，细胞与人体既有相同的地方，也有不同的地方，不可一概而论。

有了上面这个完整设置的箱子，是不是就可以安心地把细胞放进去了呢？基本算是可以了吧。但是正如吃饭的时候烧了一大

锅饭，肯定不能抱着锅吃饭，总得用小碗盛饭，对吧？养细胞也是如此，为了更好地区分不同的细胞类型，不至于混在一起分不清，因为从外表来看，细胞大多长得差不多，同时也是为了进一步杜绝空气中残留的污染物，我们需要将细胞装在一个个小瓶子里，而瓶盖子却不能盖得太紧，既要保证氧气和水汽的进出，又不能让细胞直接暴露于空气中。在这样的瓶子里，再加入细胞喜欢吃喝的营养液，细胞就可以快活地生长啦。而不同的营养液具有什么成分，怎么得来的，都是科学家们经过几十年的努力，一点一滴地通过实验摸索出来的，这才有了今天市场上可以直接买到的大大小小和不同品种的营养液，专业一点的说法叫培养液，如同超市货架上琳琅满目的饮品。别小看细胞哦，它们是具有生命的，所以在吃喝的同时，也会排出细胞内部的废物，时间久了就会导致培养液发生变化而不利于使用。因此，每隔一段时间，通常为两三天，我们就需要更换一次培养液，否则的话，就等着它们给你脸色看咯。

说到这里，大家肯定会有疑问。如果一切都安排妥当，细胞的状态良好，它们是不是就可以在瓶里无限制地生长下去，塞满整个瓶子，如同给瓶子填沙一般呢？答案是否定的。为了保持细胞以最佳的状态生长下去，除了上面提到的更换培养液以外，还得每天观察它们的数目变化，这就得借用生物学实验室中最必不可少的显微镜啦。通常情况下，在显微镜下可以观察到细胞贴在培养瓶的底部，新生长出来的细胞往往紧挨着，如同平底锅上煎了两个靠在一起的荷包蛋。当细胞占据底部面积的百分之八九十时，就得考虑给它们换个新的培养瓶了。因为一旦细胞的比例达到百分之百，相互之间完全挤满后，它们可不会像垒人梯一样叠加起来，不但会停止生长，而且可能会因为拥挤而死亡。除了会贴壁的细胞外，还有些细胞在生长的时候是悬浮在培养液中的，比如血细胞，对于这些细胞，也需要进行日常的细胞状态和数目观察。

为了将长得满满的细胞分配到新的培养瓶中，是不是可以像用手掰玉米棒一样直接掰断，然后把细胞倒入新的瓶子中呢？这样的做法真是太粗暴了，当然不行。针对贴壁生长的细胞和悬浮培养的细胞，则要采用前期不同、后期一致的操作方案。这里还涉及两个仪器，一个是超净台，一个是离心机。前者顾名思义，就是超级干净的工作台，如同把整个干净的细胞培养房间缩小到一张桌子的大小，只是这时人可进不去了，只允许手伸进去操作，而且超净台增加了更为高效的空气过滤系统，所以几乎能够做到百分之百的无菌状态。在这里进行和细胞相关的操作时，我们就可以放心地打开含有细胞的培养瓶，然后更换细胞培养液。对于贴壁细胞，细胞膜表面的黏性蛋白紧紧地吸住了培养瓶的表面，硬生生地把它们拉下来会损伤细胞，这时需要利用让这些黏性蛋白失去功能的酶。加入酶后不久，通常四五分钟，贴壁细胞就会乖乖地松开瓶底飘起来，如同悬浮细胞一般。这时便可以利用吸管将它们移到用于离心的管子中，在离心机内以高于常规地心引力四五倍的力量进行高速旋转，将它们都甩到离心管的底部。此时，便可以丢弃废旧的培养液，然后加入新鲜的培养液，让它们重新悬浮起来，再分配到新的培养瓶中，让它们继续快乐地生长。我们把这一过程称为细胞传代，传代的比例通常为一瓶细胞传至两瓶或三瓶。悬浮细胞的传代和上述过程一致，只是缺少一步加入酶处理的步骤，相对简单一些。

做完这些操作后，我们就可以脱去衣帽、手套和鞋套，尽情地出去玩耍，让细胞安安静静地在细胞房内生长吧。当然，千万要记得每天都去看看它们哦。因为生活中总会有意外发生，有时即便万分小心，也会有一两个细菌落到细胞里，导致一瓶细胞发生污染。这就要求我们及时处理掉，不然污染就会扩散开来，一瓶传染两瓶、三瓶、四瓶，如同灰指甲一般。

显然，我们已经建立了完善的细胞培养体系，然而，该体系的建立并不是一蹴而就的，而是经过了长达一个多世纪的沉淀，包括胚胎学家和微生物学家的共同努力，才得以从无到有，一点一滴地累加，从而逐渐成熟。

20世纪初，美国人利奥·勒布（Leo Loeb）和罗斯·格兰维尔·哈里森（Ross Granville Harrison）分别开始尝试培养细胞。勒布首次尝试将豚鼠胚胎的皮肤组织置于含有凝结血清的琼脂上，哈里森则采用了微生物培养的常用手段，利用悬滴法，将胚胎来源的组织培养于淋巴悬液中。在此之后，哈里森还采用类似方法培养了神经纤维组织，虽然最终以细菌污染而宣告失败，但还是让他在体外条件下首次实现了短暂的细胞培养，并可以进行实时的观察。为了避免污染，提高细胞培养的时长，他将所有用于细胞培养的瓶瓶罐罐都用沸水蒸煮，穿的衣服也进行高压灭菌，严格的无菌操作技术可以让体外培养的细胞存活数周之久。

从这两位细胞培养开山鼻祖的工作中，我们可以发现，虽然我们现在将这些培养方法称为细胞培养，但是受早期的条件限制，人们无法拿到单个的细胞，均是针对较小的组织块进行培养。因此，严格意义上说，当时的培养应该被称为组织培养，在英文中也一直保持这个词的使用。现在，针对动物细胞的培养，我们既可以说组织培养，也可以说细胞培养，但是以后者居多；而针对植物细胞的培养，我们则更多地使用组织培养的表达方式。最早使用“组织培养”一词的人是美国耶鲁大学的蒙特罗斯·布伦斯（Montrose Burrows）和洛克菲勒研究所的亚历克西·卡雷尔（Alexis Carrel），他们于

1911年提出这一单词。尤其是卡雷尔，他在悬浮培养的基础上对细胞培养技术进行持续的改良和完善，做出了系统性的贡献。他率先采用血浆作为养分，进行细胞培养，之后又改用血清作为替代物，为了防止血清凝结成块，他又在培养成分中加入了肝素。在现代细胞培养中，来自胎牛的血清已经成为培养液中必不可少且广泛使用的营养成分之一。卡雷尔发明的D型培养瓶是现代细胞培养瓶的原型。这些改进大大提高了细胞培养的成功率和效率，基于这些改进，他成功培养了包括猫、狗在内的不同动物、不同器官组织的细胞，包括胚胎期和成年动物，以及皮肤、胸腺、肾脏、骨髓和结缔组织等。1912年，卡雷尔从鸡胚胎的心脏组织中分离得到了一种细胞，并且可以持续地培养和传代下去，总共被连续且不间断地培养了34年，直至他去世后两年。有人将其称为第一个细胞系，但是饱受争议，尽管如此，为了纪念首株似乎永生的细胞，纽约世界电信公司曾在每年的新年庆祝日活动上都会打电话给卡雷尔，让他看看这株细胞。

由此可见，卡雷尔对细胞培养的贡献极其巨大，他也在1912年获得诺贝尔生理学或医学奖，但是获奖的原因却另有其事。那么原因是什么呢？ 1873年6月28日，卡雷尔出生于法国里昂的一个商人家庭，并且和其父亲同名同姓，在他很小的时候，父亲就去世了，他由母亲一手拉扯大。由于家境还算殷实，他得以接受高等教育，并在大学修了双学位，16岁获得文学学士学位，17岁获得科学学士学位，27岁获得博士学位。毕业后，卡雷尔一边在医院工作，一边在大学教授解剖学课程。他30岁不到来到美国，先后在芝加哥大学和洛克菲勒研究所工作。在这两个单位，他除了在刚刚提到的细胞培养领域开展了广泛的研究，还有一个研究方向，那就是器官移植。在后一个研究领域，他首次发明了血管吻合手术，直接推动了血管移植的发展，并且发现冷冻

保存血管可以为手术争取更多宝贵的时间，让更多的患者受益，从而开启了器官移植的新时代，也因此让他在 39 岁就获得了诺贝尔奖。此后不久，第一次世界大战爆发，他回到祖国，服务于法国陆军医院，又发明了沿用至今的卡雷尔 - 达金伤口处理法。

鉴于体外细胞培养类型越来越丰富，对培养液的要求也越来越高。20 世纪初期至中叶，不同的研究者根据自己研究的细胞特性，对培养液中的盐、氨基酸、维生素、激素和糖等多种营养成分进行了广泛的摸索和组合，不断发明各种类型的培养液。其中的一些已被用作最基础的培养液，适用于大多数细胞的培养，例如杜氏改良伊戈培养液等。有时候，我们也将培养液称为培养基，指的都是维持细胞生长的营养液。与此同时，与细胞生长无关，却能防止污染的物质也被添加进了培养液，这就是抗生素，包括抑制细菌污染的青霉素、抑制真菌污染的两性霉素和制菌霉素等。在起初的时间里，为了弄清这些抗生素是否会影响细胞自身的生长，对其药物浓度更是进行了极其详细的实验摸索；但在实验过程中发现，添加抗生素只能预防污染的产生，很难去除细胞培养中已经存在的污染。这些研究进一步延长了细胞培养的时间，提高了效率，并成为现代细胞培养中必不可少的环节。

有了培养液，可以进行细胞培养，但是还有一个问题没有解决，那就是温度。在体内条件下，细胞自然存在的环境温度都在30℃以上，例如人体的体温是37℃，而空气的温度随着季节的变化而变化，很难稳定控制。起初，为了模拟体内条件，采用的是加温后的培养液，显然效果不尽如人意。这时，又该轮到微生物学家登场了。在19世纪后半叶，微生物学迎来了黄金发展时期，现代微生物学的建立也在那个年代。为了满足研究者对不同微生物培养的需求，尤其是对温度的控制，相继有了恒温培养箱和可变温度培养箱。首先想到将其应用于细胞培养的人，则是刚刚提到的卡雷尔等人。而在培养箱中通入二氧化碳，调节氧气的浓度，则归功于20世纪60年代英国新不伦瑞克科学公司。有趣的是，关于二氧化碳培养箱的发明，最早可以追溯到19世纪，只是限于当时技术手段，只能先在一个罐子中点燃一根蜡烛，然后再将罐子搬入烤箱中。

在细胞培养领域，有一个看似简单却十分重要的操作，甚至可以说是革命性的一步，便是胰酶的使用，首次使用者是洛克菲勒研究所的佩顿·鲁斯（Peyton Rous）和琼斯（Jones）。他们二人考虑到，除了血细胞和精子等可以天然地实现一个一个的体

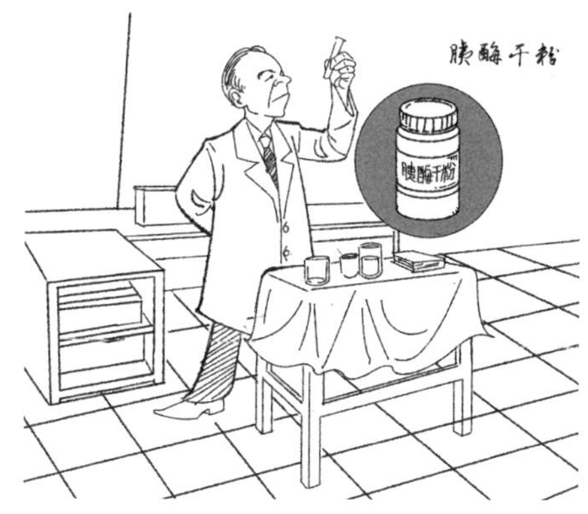

外培养，其他组织来源的细胞只能是一团糨糊般地混在一起培养，无法分离成单个细胞，所以对于不同类型细胞特性的鉴定根本无法开展。因此，他们设想，如果能把这些细胞变成和血细胞一样的单个细胞，对后期的分析是十分有益的。当时的细胞培养中已经开始添加血浆成分，导致细胞之间相互粘连和贴在培养瓶上的主要因素便在于血浆中的纤维蛋白。酶概念的提出者——德国的威廉·库恩（Wilhelm Kühne），1876 年在动物胰脏组织中发现并分离得到一种蛋白质，可以针对性地将这些纤维蛋白切割断开，因此被称为胰蛋白酶，简称胰酶。

基于这些已有的理论知识，1916 年，两人从市场上买来现成的胰酶干粉，并根据文献报道，利用溶解和过滤等方法去除其中的不利杂质，并进行无菌化处理，最终获得黄色的混悬液，而且其活性可以保持两个月。通过测试，当去除细胞中的培养液，加入浓度为3%的胰酶，可以迅速地将细胞团块打散，而浓度太高的话，则会杀死细胞。那些贴在培养瓶底部的细胞，在胰酶的作用下很快会变圆并悬浮起来，成为一个个类似血细胞培养时的单个悬浮细胞。他们使用无菌的离心管，收集这些含有悬浮细胞的消化液通过离心去除消化液，再次更换为含有血浆的培养液之后，这些悬浮的细胞又可以重现贴到培养皿上快乐地生长。而且，反复的悬浮处理和再贴壁也不会影响细胞的生长。为了验证哪些细胞可以进行类似的操作，他们分别尝试了鸡眼睛中的脉络膜细胞、出生3天的大鼠心脏和胃来源的肌肉细胞等，均获得了很好的预期结果，并且屡试不爽。正是由于他们的这些研究，才使细胞传代成为可能。

有了细胞传代技术，就有人开始尝试重复卡雷尔的鸡心细胞培养实验，结果发现几乎无法重复。因此，人们对于他的这株细胞是否算得上永生化的细胞，历史上一直存在质疑，爱挑刺的伦纳德·海弗利克（Leonard Hayflick）就是其中一位质疑者。他于1928年5月20日出生在美国宾夕法尼亚州费城，在他小的时候，曾收到过一套化学装置作为玩具，而他做义肢的父亲又很支持他玩，所以他就在家里的地下室中建立了一个小小的化学和生物学实验室。高中第一次听化学讲座时，他因指出了老师讲课中的错误，得到老师的欣赏，从此更爱化学了。虽然他在18岁时考上了家门口的宾夕法尼亚大学，但是正好赶上服兵役，因此不得不在部队中度过了2年。幸运的是，他获得了政府为资助第二次世界大战老兵重回生活而设立的奖学金，又得以回到大学继续学习，并于3年后获得微生物学学士学位。毕业后，由于感觉研究生学习对他来说太难，便在多个从事细菌研究的实验室里找了份技术员的工作。没过2年，在朋友的鼓动下，他又重返校园，先后获得了微生物学硕士和博士学位。可能是太不自信，博士毕业后，他居然跑到了南方的得克萨斯大学，跟人学习如何培养细胞，并当了几年细胞培养的专职技术员。要知道，在当时的细胞培养界，正是卡雷尔的细胞永生理论一统天下，因此，如果细胞没有养好，或者养死了，通常都被认为是技术员的责任。也正是从这时候起，海弗利克跟细胞培养死磕上了。

好在费城的维斯塔研究所来了一位新所长，答应给海弗利克提供一个培养细胞的职位。因此，30岁时，他回到家乡，这一次，他决定一边研究细胞，一边研究他的“老本行”微生物。为什么会做这个决定呢？因为当时有理论认为肿瘤细胞的产生来源于病毒感染，因此，他想把肿瘤细胞中的病毒给提取出来，然后再用这些病毒感染正常的细胞。为此，他花了两三年时间，开始培养人胚胎来源的肺细胞，一共养了25种不同来源的肺细胞，但是在没有意外的情况下，这些细胞在体外被培养到50代左右时都停止了生长，虽然没有死掉，但基本是趴在那里半死不活的样子。就这样，他发现正常细胞的寿命也是有极限的，如同人类一样会衰老，并不可以无限生长且被传代下去，而胚胎来源细胞的传代次数要多于成年人组织来源的细胞。1974年，1960年的诺贝尔生理学或医学奖获得者弗兰克·麦克法兰·伯内特（Frank MacFarlane Burnet）在1974年将他的这一发现正式命名为海弗利克极限。

1961年，海弗利克提出他的细胞寿命极限理论，正如我们刚刚所说，正常细胞在没有意外的条件下都会寿终正寝，但是当意外发生时，有些细胞却能超越这个极限，真正地变成一个永生的细胞。在培养细胞时，海弗利克意外地获得了一株可以无限传代的肺细胞，并将其命名为WI-38。当然，在历史上，他并不是第一个获得永生细胞的人，除去卡雷尔不靠谱的鸡心细胞，第一个真正意义上获得的永生细胞是由凯瑟琳·桑福德（Katherine Sanford）、威尔顿·厄尔（Wilton Earle）和格温多林·莱科里（Gwendolyn Likely）等人，于1948年8月16日从100天大的小鼠皮下脂肪和间隙组织里提取和培养的细胞L929。这些可以被永远养下去的细胞如同人的家族谱系一般，世世代代延绵不绝，因此有一个共同的名称，叫细胞系。然而，细胞系WI-38的获得并没有让海弗利克受益，反而因为归属权、署名权和受益权等问题，让他在此后的十余年中陷入了和美国国立卫生研究院之间无尽的纠纷和打官司之中。当然，最终还是以海弗利克获胜而尘埃落定。

细胞系的建立为大规模细胞培养铺平了道路，并被广泛应用于疫苗生产和抗体生产等，现代生物科技企业也是基于这个技术才开始崭露头角，工业化使用的代表性细胞系有 Vero 细胞和 CHO 细胞。前者的全称是非洲绿猴肾细胞，最早由日本千叶大学亚苏穆拉（Yasumura）和川田（Kawakita）于 1962 年从非洲绿猴的肾脏中分离并培养获得。Vero 是世界语绿色肾脏的缩写，同时也有真相的意思。

在最近针对新型冠状病毒肺炎疫苗的研发和生产中，我国自主研发并广泛使用的一款疫苗就是基于该细胞系扩增后获得的灭活病毒，Vero 细胞可谓功不可没。

CHO 细胞的全称是中国仓鼠卵巢细胞，最早于 1957 年，由美国科罗拉多大学西奥多·帕克（Theodore Puck）从中国仓鼠的

卵巢中分离并建立细胞系。由于该细胞皮实、不易死亡、生长迅速，既可以贴壁培养，又可以悬浮培养，因此，从其诞生之日起就受到工业界的青睐，在第一代 CHO 细胞系的基础之上，已经改良衍生出了几十种不同类型的细胞系。当前，全球约 70% 应用于临床疾病治疗的重组蛋白质，都来自这个家族的细胞系。而基于 CHO 细胞系催生的第一家现代生物科技公司，就是美国基因泰克公司（Genentech）。该公司于 1987 年利用该细胞系生产了历史上第一个可应用于临床治疗的重组蛋白质产品，即用于治疗急性心肌梗死的阿替普酶，成为利用细胞系生产蛋白药物的标志性事件。这里大家肯定好奇，为什么这个名字里有“中国”的细胞系却产生于美国，而不是中国呢？这里有一段特殊历史时期的特殊故事。1919 年，北京协和医学院的胡正祥教授正在研究肺炎球菌，由于条件限制，没有小白鼠，只能利用当时在中国北方到处乱窜的仓鼠开展实验，并发现这是很好的研究工具鼠，不亚于小白鼠。

从此，中国仓鼠成为当时国内流行病学研究的得力小鼠。1948年，南京解放前夕，美国洛克菲勒基金会国际医疗部的罗伯特·沃森（Robert Watson）医生带着20只中国仓鼠，躲过战区，来到上海，带着这些小鼠乘上了飞机回到美国。此后，中国仓鼠在美国繁育成功，成为了科学界的早期工具鼠之一。

6 血液里的细胞

《血疑》是一部曾经在 20 世纪 80 年代火遍中国的日本爱情电视剧，剧中的女主角患有白血病，曲折的剧情配上煽情的叙事手法，赚足了那个年代人们的眼泪。很多人也许从这部电视剧中第一次知道了什么是白血病，作为一种血液系统的恶性肿瘤，它是致命的，而且在那个年代的医疗条件下，几乎就是不治之症。白血病作为癌症的一种，是异常凶险的，患病之人往往伴随剧烈的疼痛、出血和发烧等症状，血液中的白血病细胞顺着血管，流淌至全身，影响着全身的器官。实体组织的病变还有良性和恶性之分，但白血病只有恶性，因此，也俗称为“血癌”。

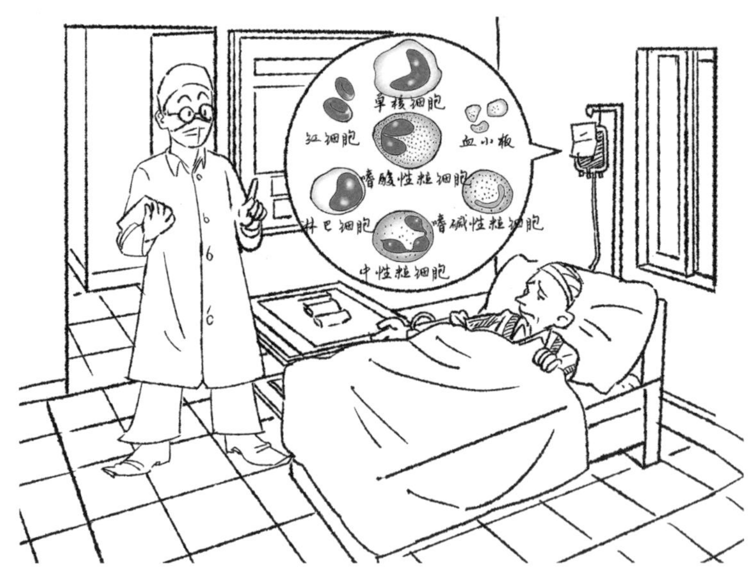

白血病既然是血液系统的恶性肿瘤，血液明明是红色，为什么却叫做白血病，而不是红血病呢？这是因为它的的确确是白色，而不是红色。为了理解这一点，我们必须先来说一说血液中的细胞组成。血液之所以呈现出鲜红的颜色，主要归因于红细胞。除此以外，血液中还有很多其他类型的细胞，包括大名鼎鼎的免疫细胞，而且它们组成成员众多，有T细胞、B细胞、NK细胞、嗜酸性粒细胞、嗜碱性粒细胞、中性粒细胞、巨噬细胞和单核细胞等。如果把后面的一大串细胞放在一起的话，你看到的颜色就是白色。如果你实在无法想象是什么样子，就回忆一下当你的皮肤受伤产生脓包，戳破白色脓包之时，一堆恶心的白色黏液一涌而出，这里面就是实实在在的白细胞。白血病的产生往往是这些白色的细胞发生了病变，很少发生在红细胞里，因此才有了白血病这一恶名。

关于白血病的发现可以追溯到两个世纪以前，出生于苏格兰最大城市格拉斯哥，身为外科医生的彼得·卡伦（Peter Cullen），在1811年遇到了一位肚子疼痛并持续发烧的年轻男性患者。起初，他采用了放血疗法，5个疗程以后，患者仍未见好转，他又采用氯化汞治疗，才有一点起色。在患者放出来的血中，卡伦第一次观察到了牛奶一样的血清，虽然他认为这可能主要来自脂肪，但是他的同事却发现这些乳白色血清的主要成分是淋巴细胞。在此之后，巴黎外科医生阿尔弗雷德－阿尔芒－路易斯－玛丽·韦尔波（Alfred Armand Louis Marie Velpeau）于1825年对一位罹患同样症状、死于63岁的患者进行尸体解剖时，发现该患者肝脾肿大，并且血液呈现脓液状态。同年，巴黎人阿尔弗雷德·杜普来（Alfred Duplay）在对一位27岁去世的女性患者进行尸检时，也观察到了相同的特征。1829年，巴黎人雅克·夏尔·科利瑙（Jacques Charles Collineau）在治疗一位39岁的患者时，也采用了同样的放血疗法，并在血液里观察到了同样的脓液，但是这位患者并没有类似肝脾肿大的症状。1845年，法国内科医生阿尔弗雷德·弗朗索瓦·多恩（Alfred François Donné）在碰到类似患者时，首次利用显微镜对血液中的脓液进行了观察，发现了血液中白色的细胞明显变多，并且分析可能的原因是这些细胞的分化被阻滞了。也是在这一年，来自爱丁堡的约翰·休斯·贝内特(John Hughes Bennett)给具有这些症状的疾病起了一个名字，叫白血球过多症；而鲁道夫·路德维希·卡尔·维尔肖（Rudolf Ludwig Karl Virchow)则将这些疾病命名为白血病,并被广泛接受，沿用至今。回顾整个白血病的发现和诊断历史，从简单的临床现象观察，尤其是牛奶样脓液，到最终细胞类型的解析，起到关键作用的当数多恩和维尔肖二人。

多恩于1801年9月出生在法国诺阳，20岁时跟随家人来到

巴黎，并在大学学习法律，之后转入医学院校学习，毕业时已 28 岁。此后没多久，由于婚姻缘故，他融入了一个医学世家，并在 30 岁获得博士学位。虽然他攻读博士学位期间的研究主要集中于显微镜在医学中的应用，并做了很多开创性的工作，但是当时法国医学圈过于保守，很难接受新生事物。即便列文虎克和胡克利用显微镜发现细胞和微生物已近两百年，他的工作并未受到大家的认可和重视。毕业后，即使面对多方面的重重阻力，他仍旧开展显微镜教学，致力于显微镜的推广，并和其中一位出色的学生一起发明了首台光电显微镜，采用灯光替代传统的自然光，从而使显微镜获得了稳定的采光源，并且他首次将投影仪和显微镜结合起来，从而可以更好地向他人演示实时的显微观察结果。此外，他也不忘利用显微镜对临床样本进行深入且细致的观察和研究，并取得了多个突破性的结果，包括在 1836 年首次观察到了阴道毛滴虫，1842 年首次观察到血小板，虽然当时他错误地将其认作脂肪滴，以及刚刚提到的白血病细胞。除了上述贡献，他还利用显微镜对母乳和奶制品等进行了深入的观察，从而建立了儿童哺育和营养学。

维尔肖则于 1821 年 10 月 13 日出生于现在的波兰，曾就读于德国柏林大学，22 岁获得医学博士学位。他的一生主要科学贡献在于将疾病的发生归因于细胞的变化。他曾四处演讲宣传此概念，也试图为此发表论文，但遭到多个期刊的拒稿后，一怒之下，和朋友创建了一本新的学术期刊，发表自己的研究结果，并在 1858 年发表了经典著作《细胞生理学》，从而开创了新的医学领域。在针对血液系统疾病的研究中，除了白血病的命名之外，他还提出了血栓的概念；在针对肿瘤细胞转移到淋巴系统的路径研究中，最为著名的概念当数以其姓名命名，位于左侧锁骨上窝的维尔肖淋巴结，这已被证明是多种肿瘤转移的标志性症状。除此以外，他还积极参与社会活动和政治活动，认为贫穷民众生活卫生条件的简陋和低下，主要在于政府职能的缺失，因此，他积极推动公共卫生学的发展。有趣的是，作为一位精力旺盛的人，他的另一个兴趣爱好是研究古人类学，他曾在德国北部发现了一处原始人住址，其后又开展了一系列的挖掘工作，并牵头成立了德国相关协会。

血液中的正常白细胞类型众多，如同部队里的不同番号，番号里有不同等级军官和士兵，完全称得上是血液里的细胞大部队。既然是部队，其功能就是作战，无论是大规模战役，还是小范围战争。一旦有外敌入侵机体，尤其是细菌和病毒，不同的白细胞就会各司其职。如果一种白细胞发现了敌人，却打不过它，就会发信号给其他类型的白细胞朋友，朋友再呼唤朋友，从而做到以一呼百，群起而歼之。它们消灭敌人的方式也是多种多样，主要分为两种，一种是直接将其吃掉、消化，作为废弃物排泄出去，一种是分泌有毒物质，将敌人毒死。这两种方式都是极其厉害且有效的手段，几乎抵御了我们日常生活中的全部入侵。但有的时候，敌人过于强大，白细胞也有视而不见或寡不敌众的时候，此时我们的身体就需要请外援，比如打针或吃药。也有些时候，我们的白细胞在消灭完敌人后依旧兴奋不已，根本停不下来，最后自己也转晕了，顺手把周边的小伙伴也折腾一通。那就麻烦了，会导致我们常说的自身免疫性疾病的发生，这属于自己人打自己人，让人头疼不已。

血液作为唯一一个遍布全身的非实体器官，其中的血细胞几乎可以到达全身的任何一个地方，哪怕是犄角旮旯。这样的好处在于，如果它作为哨兵去做侦查，那么一定不会留有死角。白细胞就在这里发挥着作用，不但执行身体的哨兵一职，而且还履行一线士兵的冲锋职责，保卫我们的其他实体组织、器官及其中的细胞，并且毫无怨言。

血液里有这么多细胞，那么是不是所有的细胞都具有相同的功能呢？当然不是，身体的设计非常高效，很少出现冗余的器官或组织，每一种细胞都有它独特的使命，严格地说，基本算是一个萝卜一个坑。众所周知，血液的主要功能之一是运输氧气。当血液在心脏的推动之下流过肺的时候，遍布肺组织的密密麻麻的毛细血管形成了巨大的网状结构，允许吸入肺的氧气在此钻进流淌着的血液中，并附着在红细胞上。而红细胞的红就体现在它含有可以在更微观层面结合和运输氧分子的血红蛋白，血红蛋白在铁的存在下会更稳定并忠实地践行其责任，从而保证了我们呼吸到的氧气可以运往全身，服务于各个组织中的细胞。因此，缺氧是十分可怕的，尤其对脑和心脏而言，一旦长时间缺氧，就会导致脑梗死和心肌梗死，这样的死亡方式往往都是瞬间爆发且致命的。

红细胞的发现可以追溯到胡克刚刚发现细胞的年代。简·雅茨·施旺麦单（Jan Jacbz Swammerdam）于 1637 年 2 月 12 日出生于荷兰阿姆斯特丹，是列文虎克的同乡。虽然他学习的是医学专业，但是一生却痴迷于利用显微镜对自然界中的昆虫进行观察。为了得到极致的观察效果，他不但自己制作手工显微镜，而且自制了各种精细小工具，例如镊子、锯子、玻璃管和剪刀等，对昆虫进行解剖，包括蝴蝶、蜜蜂、蜉蝣和蜻蜓等。为了更好地保存不同组织或器官的结构，他还发明了各种解剖方法，例如向昆虫的体内注射蜡，可以保护血管的形态等。基于以上这些，他利用显微镜观察到了很多人当时无法观察到的真实微观事物。1658 年，他成为第一位观察到红细胞并描绘出该细胞形态的人。此外，通过观察，他纠正了多个常识性的错误，比如蜂群的首领是蜂后而非蜂王，肌肉细胞在收缩时只是形态发生改变，而非大小发生改变。以上种种观察和记录，成就了他的两本非凡著作《自然圣经》和《昆虫通史》，这两本书首次向人们展示了昆虫的微观世界，尤其是某些昆虫一生在不同阶段经历不同的变态。然而，与其获得的成就相比，他在经济上一直没有独立，长期依赖于自己的父母，属于典型的“啃老族”。失去父亲的财政支持后，他的后半生穷困潦倒，郁郁而终。

这些血液细胞每天都在全身上下跑个不停，很容易劳累或受伤，一旦发生变故，就会导致疾病的产生，有时仅仅因为一个微乎其微的变化，就有可能引发严重的后果。对于红细胞来说，一旦它的功能失常，最先导致的结果是运输氧气的能力下降，这种疾病有一个几乎每个普通百姓都知道的大名——贫血。对于那些非先天性的贫血，有很大一部分诱因在于铁摄入不足。为什么铁缺乏会导致贫血呢？因为红细胞内的关键蛋白是血红蛋白，而它如果要发挥正常功能，就必须要和铁联姻，两者缺一不可。一旦铁缺乏，就会导致血红蛋白无法正常工作，从而诱发贫血。根据这一原理，治疗这类贫血主要依靠增加铁的摄入，多吃含铁的食物，比如猪血和猪肝，如果觉得食物疗法太慢的话，可以直接服用富含铁的口服液，比如葡萄糖酸亚铁。一旦铁的含量充足，红细胞又会满血复活，开心地当起搬运工。

然而，有一类先天性的贫血，病因主要在于编码血红蛋白的遗传物质发生了一个密码子的改变，从而导致翻天覆地的变化。密码子改变后，红细胞会立马性情大变，拒绝服务，从而引发严重贫血，甚至危及生命，这就是镰状细胞贫血。为什么称为镰状细胞呢？因为红细胞从一个正常的圆形扭曲为农民伯伯手中用来收割庄稼的镰刀形状，镰状细胞贫血因此得名，十分形象。而针对这类贫血，补铁是没有用的，因为驴唇不对马嘴。那这一疾病有没有治疗的希望呢？且看第 14 章进一步揭秘，我们先来说一说该疾病是如何被发现的。

19 世纪 60 年代，美国内战以黑人奴隶的解放宣告结束，一方面带来了大量急需诊疗的黑人患者，另一方面也为黑人从医带来了机会。由于美国南方白人医院拒绝为黑人提供更好的服务，导致了南方大批贫穷的农村黑人涌向北方。在这个背景下，北方的部分医学院开始尝试招收黑人学生，为他们提供急需的且基本的医学知识，从而培训了一批牙医和药剂师等。在这些北方城市中，芝加哥是重镇之一，并且成为远近闻名的医疗和医学教育中心，在城市西部的医学园区坐落着美国医学协会总部。詹姆斯·布莱恩·赫利克（James Bryan Herrick）当时就生活和工作在这片园区，彼时，他已是库克县医院一名小有名气的主治医生，同时兼任拉什医学院的教授，发表了多篇临床案例报道，并撰写了临床诊断手册等著作。虽然他的专业是心血管疾病的诊疗，但他同时对血液系统疾病也很感兴趣，通过不断自我充电，认识到利用显微镜对血液进行常规观察和检测在临床诊断中具有重要意义。

正是因为拥有诸多全国知名的医生和研究人员，芝加哥不但吸引着国内的黑人前来学习，还有国外的黑人不远千里来到这里，希望学有所成后回国服务。位于加勒比海南端的小岛格林纳达属于英国殖民地，由于贸易原因，这个小岛的官方语言为英语，同时住有很多法国人和非洲人的后裔。当时全岛的人口不足 7 万，多数住在农村地区，主要以种植热带农作物为业。黑人卢奥就出生在这样的地方，好在他的父母继承了家族的田产，家境还算富裕，让他得以接受完整的教育。大学毕业后，他立志成为一名牙医，因受到其他赴美留学后归国黑人和印第安人的影响，他决定到美国学习牙医学。1904 年，20 岁的他揣着 70 美元，乘坐轮船只身来到美国，先到纽约，然后辗转来到了芝加哥。然而，刚到芝加哥没多久，他就生了一场大病，不但脚踝疼痛难忍而且呼吸困难，只能到医院寻求帮助。接待他的医生是实习医生欧内斯特·爱德华·艾恩斯（Ernest Edward Irons），他的带教老师正是赫利克。艾恩斯为卢奥进行了常规的体格检查、血液检查和尿液检查。通过这些检查，他在卢奥的血细胞涂片中发现很多梨形和长条状的细胞，在卢奥的检查报告中，他还手绘了这些奇怪细胞的形态。赫利克在拿到这些报告后，又让艾恩斯在不同的时间点对卢奥的血液进行了多次重复检测，以验证这些奇怪的现象。通过翻阅大量文献，赫利克确定这是一种全新的疾病类型，并将这种变形的红细胞称为镰状细胞。在之后的观察中，他们本想找到这种疾病产生的原因，可惜卢奥已在短暂的学习后回国，很难继续对他进行随访并获取样本进行研究。因此，在 1910 年，他们将这种病例进行了简单的报道。此后，其他研究人员逐渐观察了类似患者，并确定了该疾病具有家族遗传性。随着技术的发展，镰状细胞贫血成为第一个被确诊的分子遗传型疾病，从而让该疾病的发现在医学史上占有一席之地。

作为红细胞的亲兄弟，血小板是血液中个头最小的细胞。虽然被称为细胞，但它并不是真正意义上的细胞，因为它缺乏细胞所必备的核，不过它依旧具有完整且独立的结构，因此可以勉强称其为细胞。血小板个头虽小，既不能像红细胞一样运输氧气，也不能像白细胞一样抵御外侵，它的本事却不可小觑。一旦我们身体中的血管发生破裂，伤口很快就能发生凝结和止血，全部都归功于我们的小个子血小板，如果它罢工了，就会血流不止，鲜血淋漓。由于凝血因子缺乏引发血小板凝结异常而导致的疾病，我们称为血友病。对这些患者来说，哪怕是一次小小的鼻出血，也可能危及生命。在我国，血友病的患者主要集中在南方，而且很多具有遗传性。血友病的主要病因在于参与出血后凝血的因子出现异常，这种异常往往是由于其遗传物质发生了变异。目前只能通过维持性地注射外源性凝血因子来治疗血友病，价格不菲且效果不佳，很多患者的家庭因此贫苦不堪。和之前的亲兄弟红细胞生病一样，血友病有没有治愈的希望呢？我们也将在后面的章节中进一步揭晓答案。

正是由于血液具有如此重要的作用，血液中的不同细胞又具有众多不可替代的功能，一旦缺乏，我们就需要立即补充，为此，人们逐渐掌握了输血技术。如果一个人失血过多，其自身根本无法在极短的时间内产生大量的血细胞恢复功能，这就需要我们从另一个人的身体里获得血液，将其输注给患者。因为不可能每次都在需要输血的情况下立刻找到献血者，所以为了解决这一问题，国家乃至国际上成立了血库，专门在平时收集和储存献血者的血液，以备不时之需。即便如此，各国普遍存在血荒的情况。正如毛阿敏演唱的一首经典歌曲，歌词中呼吁只要人人都献出一点爱，世界将变得更加美好。献出一份血，就能为社会贡献一份力量。当然，献血、输血和储血也没有那么简单，其中涉及众多技术、伦理以及监管，人们也是经历了几个世纪的探索以及沉重的代价，才建立了当今成熟的技术。

人们很早就理解了血液的重要性，不仅在希腊神话故事中，而且在早期希腊的医学猜想理论中也有所体现。在希腊神话中，守卫克里特岛的钢铁巨人塔罗斯就是因为有了流淌在体内的液体，才拥有了生命，同时体内的液体也成为了它唯一的致命弱点。公元前 4 世纪，被誉为西方医学之父、古希腊的医师希波克拉底为了抵制神赐疾病的谬论，提出了体液假说，认为人体主要由 4 种液体组成，包括血液、黏液、黄胆和黑胆，这些体液的不同比例决定了人的性格，而比例的失衡则决定了疾病产生与否。

而真正从现代医学角度解析血液重要性的研究，则要从威廉·哈维(William Harvey)说起。他于1578年4月1日出生于英国，家中有10个孩子，他身为家中长子，自然一切都要以身示范，他通过自身努力，获得了多个奖学金，19岁就获得了文学学士学位。在博士学习期间，他跟随自己的导师，学习了医学和解剖学，从而认识到，想要了解人体，必须通过人体解剖才能达到目的。在当时的知识体系下，这是十分正确的观点。在毕业后的职业发展中，他简直犹如“开挂”，成为两任国王的御医。也正是这些得天独厚的条件，让他有机会在跟随国王频繁狩猎的同时，能够对捕获的大量猎物进行解剖，尤其是鹿，让他发现血液在动物体内主要存在于静脉和动脉中，并且静脉血和动脉血在肺部进行交换。此外，血液之所以能够流向全身，主要归功于心脏持续不断地跳动。这便是现代血液循环理论在1628年的建立，而在此之前，人们普遍认为血液循环依赖于肝脏。人们现在将哈维的贡献主要归结于这一发现和理论的建立，事实上，晚年隐居的他还有一个重要发现，只是相比之下，没有那么闪光而已。他发现无论人还是动物，都始于精子和卵子受精以后的发育，从无到有逐渐产生了不同的部分，而不是人们之前猜想的那样——身体的形态早就存在于卵子之中，只不过从小变大而已。显然，他的这个小发现要远远早于列文虎克对精子的观察和推论，因为当时还没有显微镜，所以这个发现十分了不起且难能可贵。我们也由此可见，一项技术的应用如果被推向极致，往往可以突破技术的限制，发现那些几乎不可能的发现，而哈维就是把解剖发挥到了极致。

虽然人们对血液的重要性已经有了深刻的认识，但是无论是希波克拉底时代，还是哈维时代，直到19世纪，基于血液的治疗始终就只有一种疗法，那就是放血疗法。我们在白血病发现的历史中，已经了解到多个时期、多位医生针对白血病的首选治疗方案都是放血。虽然放血疗法最终被认为是无用的，但仍旧无法阻止人们对它的狂热。美国首任总统乔治·华盛顿只是因为喉咙疼痛，就被医生实行放血疗法，结果导致死亡。尤其是在19世纪，为了弥补直接割开静脉放血的不足，人们采用水蛭吸血而达到放血的目的，这种疗法盛极一时。在我国传统医学中也有放血疗法一说，文字记载可见于《黄帝内经》等著作。

说完放血，下面来说说输血。我们常说失败是成功之母，在输血这件事情上表现得淋漓尽致。正是建立在大量输血失败案例的分析和研究上，我们逐渐认识到了不同的血液种属，乃至不同人之间的血液细胞存在巨大差异，由此，我们了解了血型的存在。现在，我们知道只有具有相同血型的血细胞之间才能和睦相处，否则就会“鸡飞狗跳”。在众多的血型中，有一种血型的血细胞，由于其人群稀少，只有百万分之一，因此被称为“熊猫血”，是极其珍贵的。

根据哈维的记录，1666年，在一个气候宜人、阳光明媚的季节，几位赫赫有名的人物群聚一堂，他们分别是牛津实验生理学俱乐部的波义耳、托马斯·威利斯（Thomas Willis）、克里斯托弗·雷恩（Christopher Wren）和胡克等人。在牛津大学默顿学院里，雷恩向大家演示了如何将液体注射入动物静脉并遍布全身的实验。11月14日晚上，在格雷沙姆学院，理查德·洛尔（Richard Lower）向大家演示了首例动物输血实验。他先将一只小狗的静脉切开放血，等到血流殆尽，奄奄一息时，再将另一只狗的血直接输注到这只濒临死亡的小狗中，这只小狗又恢复了生机且活蹦乱跳。实验的成功激起了大家极大的兴趣，尤其是当时不同宗教之间存在冲突，大家在想能否利用换血来治疗那些精神世界有问题的人。带着这个想法，洛尔选择了一位被认为是魔鬼附身的疯癫患者，并在其脑袋上开了一个小洞，分别于 1667 年 11 月 23 日和 12 月 12 日将绵羊的血输注给他，尝试治疗他的疾病。与此同时，法国同行让・丹尼斯（Jean Denis）早他几个月，在 7 月份的时候，将小牛血和小羊羔的血输注给了不同的患者，他的想法是借助温顺动物的血液来治疗患有狂躁症的患者，达到治疗目的。想法虽然是美好的，但是结果可想而知。由于动物血液输注给人的实验相继失败，输血技术一下被打入冷宫，沉寂了百余年之久。

直至19世纪初，英国盖伊和圣托马斯医院的一位妇产科医生詹姆斯·布伦德尔（James Blundell）在为孕妇进行接生时，常常会遇到产后大出血而导致产妇死亡的情况。因此，他认为如果给患者输血，理论上可以拯救她们的生命。为此，他先拿狗做了一堆输血实验，发现无论是静脉血还是动脉血输注，都是行之有效的，狗血输给狗也是可行的，但是人血输给狗是不行的。因此，他提出假设，只有人血输给人才行之有效，而动物血则无法输注给人。1818年，他首次报道成功地将一名男性的血液输注给另一位男性。此后，为了提高输注效率和成功率，他又发明了带有两个方向旋塞的输血装置，并成功地将其他人的血液输注给产后大出血的产妇，在一定程度上降低了病死率，即便很多时候还是以失败告终。

至于为什么人血输注有时会失败，从现在的科学理论知识来说，很可能是血型不同导致凝血或溶血的发生，而对于这个常识的认识，却经历了近一个世纪的摸索。

1875年，德国生理学家伦纳德·兰多瓦（Leonard Landois）发现将一种动物的血细胞和另一种动物的血清混在一起后，两分钟之内就会发生凝结和溶血。1901年，卡尔·兰德斯坦（Karl Landsteiner）试图通过类似的实验来发现人血之间的差异。通过将22个人来源的红细胞和血清进行交叉混合，发现有些人的血清可以引起其他人的红细胞凝结，有些却不会，主要原因可能在于免疫学的差异。据此，他将血液分成三组，分别为A、B和C。来自C组的血清可以引起A组和B组的血细胞发生凝结，而不会导致C组的血细胞凝结。第二年，他的两个学生扩大了试验人员的样本量，增加到了155人，不但进一步证实了兰德斯坦之前的三组分类，还发现了占比较小的第四类，即AB组。很快，兰德斯坦将他的研究结果以德文形式发表在奥地利学术期刊上，但是并未立即得到大家的认可。1907 年，波兰和美国巴尔的摩的研究人员也分别得出了相同的血液分型结论，只不过他们命名方式不同而已。1930，兰德斯坦因此项发现荣获诺贝尔生理学或医学奖。1937 年，国际血液输血协会会议在巴黎召开，讨论并决定采用 ABO 命名血液分型，并沿用至今。在此之后，在该分型的基础之上，其他更为复杂的血液分型被发现。1939 年，兰德斯坦的第一位学生菲利普·莱文（Philip Levine）发现一位 O 型血的女性在输入具有相同血型的丈夫的血液后，也发生了溶血现象。

当把这位女性的血清和其丈夫的血细胞以及其他 100 多位具有相同血型的人的血细胞放在一起时，其中 80 多个人的血细胞产生了凝结。第二年，兰德斯坦等人采用恒河猴（*Macaca mulatta*）的

血与兔子和豚鼠进行免疫反应观察，重复了这些实验，得到了相同的结果，从而发现了血清中的抗体，并根据抗体的阴性和阳型与否，以恒河猴进行命名，将血型进一步划分为 Rh 阴性和 Rh 阳型。

在血液分型领域做出巨大贡献的兰德斯坦于 1868 年 6 月 14 日出生在奥地利首都维也纳。他的父亲拥有法学博士学位，是一名知名的记者和新闻出版商，可惜在兰德斯坦 6 岁时便去世了。兰德斯坦主要由其母亲一手抚养长大，母子俩感情极深。在她去世之后，兰德斯坦仿照其母亲制作了一副面具，悬挂在家中墙壁上，日夜追思，直至自己离世。由此可见，他是一位非常重感情的人，同时也落下了悲观厌世的性格。即便是在诺贝尔奖颁奖典礼上，他也没有上台演讲，而是请了他的朋友代劳。周边的同事对他的评价是穿着朴素且简单，举止似军人。虽然大学期间他主修的是医学，但同时也辅修了生物化学，并在毕业后五年，先后在多位牛人的实验室学习了化学知识，其中就有诺贝尔化学奖获得者埃米尔·费歇尔。因此，他和线粒体中呼吸酶的发现者奥拓算得上是同门师兄弟，也正是这些兜兜转转的经历为其日后从化学角度分析生理问题奠定了基础。在不同实验室转了一圈后，28 岁时，他又回到维也纳总医院，在卫生学研究所担任研究助理，而此时，他的研究兴趣已经转移到免疫学抗体研究上。此后 20 余年，他先后在大学里穿梭于解剖病理学、疾病生理学等专业，还担任过尸体解剖员。51 岁时他搬家到荷兰，3 年后又移民到美国纽约，在洛克菲勒研究所工作。直至去世前两天，76 岁的他还在实验室工作，最后因突发心梗才被送到医院。

如今，血型匹配已经没有问题了，但是还有其他的问题，比如在没有对献血者进行健康检测的情况下，或者在非法采血的过程中，往往会将带有病毒的血液输注给没有该病毒的患者，从而导致交叉污染。例如乙型肝炎病毒和艾滋病病毒，就是因为输血，这些疾病曾在我国部分地区发生一定规模的泛滥，让人唏嘘不已。此外，历史上曾发生过多次将动物的血液输注给人，以期达到治疗目的，后果可想而知，虽然教训惨痛，但也由此产生了耳熟能详的“打鸡血”一词，延续至今。

7 血细胞家族的老祖宗

说了一堆血细胞徒子徒孙的故事，下面该轮到我们的血细胞祖宗上场了，它就是造血干细胞。前面提到的形形色色的血细胞，全部都是造血干细胞的子孙后代。如果说造血干细胞是太祖母，祖母便是造血祖细胞，父母辈是各种类型的祖细胞，再往下就是儿女辈的免疫细胞和红细胞了，这些细胞如果还有后代的话，就是孙辈了，它们是功能非常特异或者说单一的细胞，如浆细胞。

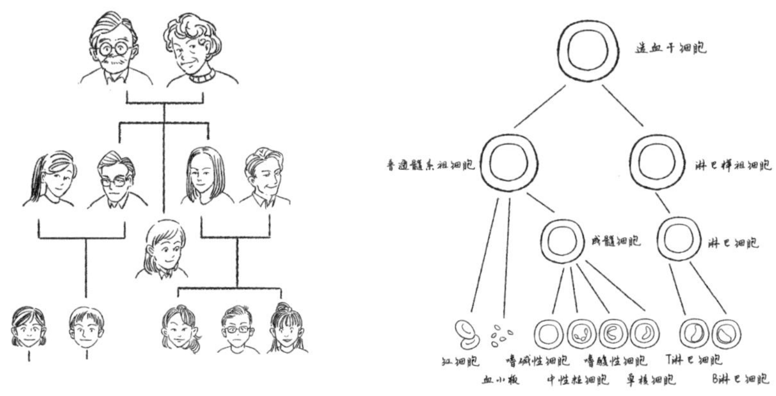

开枝散叶后的血细胞会顺着血管或者淋巴管到全身各地旅游，并在不同的器官安营扎寨，那么作为老祖宗的造血干细胞在体内哪里安家呢？总的来说，造血干细胞一生会搬两次家，一个是老宅，一个是新家。老宅是它在胚胎期，也就是个体还在母亲体内时待的地方，这个地方是肝脏。随着出生后的成长发育，肝脏的功能主要变为排毒，为此，造血干细胞不得不背井离乡，拖家带口地来到骨髓安家，并在那里终了一生。虽说是新家，但是条件并不差，尤其是周围环境一流。相对于老宅周围只有肝脏细胞来说，新家附近的邻居多多了。左邻右舍有血管内皮细胞和间充质细胞，家门口不但有毛细血管形成的小公路，还有大血管形成的高速公路，血细胞的孩子们一旦长大成人，可以很便捷地顺着这些公路出门远行。虽然好男儿志在四方，但是“父母在，不远游”也是我们中华民族的传统美德。有些血细胞孩子，如巨噬细胞为了守在老人身边，依旧在造血干细胞的周围建房定居，陪伴父母，而且常年走动，时不时就去老人家帮忙。当然，老人们也会时不时地叮嘱晚辈该做什么，不该做什么，以免走歪路，所谓“家有一老，如获至宝”，天伦之乐在此彰显得淋漓尽致。

正是因为骨髓里聚集了如此众多的造血干细胞，而且造血干细胞又可以繁衍出功能各异、本领高强的血细胞，因此一旦有人因生病治疗而缺乏该家族的细胞时，大家便会想到搬出太祖母来坐镇。然而造血干细胞作为老人家，通常行动不便，为了请她出山，常常需要倾巢出动，前前后后的队伍好不壮观，少则几百万个细胞，多则几千万个，这样的情形被我们称为骨髓移植。移植之后，造血干细胞到了新家，总是需要根据个人喜好和情况重新布置一番，然后便开始积极活动起来，一个变两，两个变四，四个变八，重新建立自己的家族和村寨，同时服务于新的个体，维持生命延续的同时也在保障自我的存活，大家互惠互利，和睦相处。

既然骨髓移植这么厉害，那么谁是历史上最早发现它的功能并且实现这一技术的人呢？这得从第二次世界大战说起，当时日本在亚洲疯狂入侵周边国家，叫嚣得不可一世，民族膨胀感达到了顶峰，进而入侵美国，从而有了偷袭珍珠港事件。这一举动彻底激怒了原本保持中立并未参战的美国。美国作为当时世界的头号强国，科技和经济力量不可小觑。在爱因斯坦等人的提议下，奥本海默的带领下，以及罗斯福总统的批准下，美国启动了载入史册的曼哈顿计划，即制造原子弹。经过几年的绝密行动，在一群天才头脑的碰撞下，人类史上第一颗原子弹——“小胖子”终于诞生了，紧接着，比它更厉害的“弟弟”——“小男孩”也降临人世。这两颗原子弹被投放到日本广岛和长崎的上空，伴随巨大的蘑菇云升起，瞬间摧毁了这两座城市，造成大量人员伤亡。很快，日本投降，第二次世界大战结束。但是，日本的噩梦才刚刚开始，很多活下来的日本人开始罹患各种“诡异”疾病，要么生不如死，要么很快离世。后续的研究表明，其中一些疾病主要是因为血细胞受到核辐照，产生了病变，无法行使正常的造血功能，以至免疫力低下甚至缺失。因此，人们便开始尝试对这些患者进行骨髓移植治疗。政治是有国界的，但科学和医学是没有国界的。美国的爱德华·唐纳尔·托马斯（Edward Donnall Thomas）医生便是其中一位努力实现骨髓移植的科学家，并且终于在战争结束后的二三十年里实现了部分成功，从而开启了干细胞治疗的革命时代，他也因此于1990年荣获诺贝尔生理学或医学奖。半个多世纪以来，骨髓移植拯救了成千上万患者的生命。

托马斯于1920年3月15日出生于美国得克萨斯州，他的父亲在50年前驱赶一驾马车来到此地，从此生根发芽。虽然托马斯的父亲没有经过正规的学校学习，却也混得医学博士文凭一张。他一生结了两次婚，托马斯是他和第二任妻子在50岁高龄时所得，老来得子，所以非常地溺爱他，陪他从小玩到大。托马斯上高中时，成绩一直平平，直至大学才对化学感兴趣，从而奋起直追，并先后获得本科学位和硕士学位。由于那个时代经济大萧条，人们虽然不缺吃穿，手里却没有闲钱。为了赚点生活费，托马斯打过各种奇葩的临时工，其中一个工作便是在女生宿舍当服务员。中国现在的大学女生宿舍都是由功夫了得的阿姨把门，男生想要谋得这样一份差事的可能性微乎其微。也正是由于这份工作，他结识了一生的伴侣多蒂。在一个大雪纷飞的早晨，他刚刚踏进女生宿舍，就被一位女生不小心用雪球砸中，就这样注定了两人的命运从此拴在了一起。在之后的日子里，为了支持他的研究工作，多蒂放弃了原本从事的新闻工作，从实验室技术员做到实验室管家，和他成为不折不扣的科研夫妻档，一个是主攻手，一个是贤内助。托马斯23岁从哈佛大学毕业，获得医学博士学位之后，先是当了一年的血液科实习医生，然后当了两年的军医，接着又在麻省理工学院做了一年的博士后，之后在波士顿彼得·本特·布里格姆医院当了两三年的住院医师和住院总医师。托马斯在那里认识了当时还是外科住院医师的约瑟夫·默里（Joseph Murray），而后者因解决了肝移植的排异问题，和他在同一年共享了诺贝尔生理学或医学奖。

托马斯真正开始接触骨髓移植，得从他的畏难情绪说起。起先，他在医院里看到抗叶酸的药物可以缓解白血病患者的病情，这让他意识到激活骨髓功能的因子可能具有很好的治疗效果，比如红细胞生成素，并且开始对此感兴趣。然而，由于当时技术条

件的限制，人们无法获得重组的蛋白，他空有一腔热血，无处使力，不得不放弃这项研究。此时，关于骨髓保护作用的研究相继报道，让他转移了研究兴趣，并开始认识到骨髓移植的临床治疗价值。首先，里昂 · 雅各布森（Leon Jacobsen）发现保护脾脏可以保护小鼠，使其在致死辐照下存活；接下来，埃贡·洛伦茨（Egon Lorenz）发现小鼠来源的骨髓输注对辐照后的小鼠具有保护作用。1955 年，当他受邀来到哥伦比亚大学附属玛丽伊莫金巴塞特医院后，便开始谋划人体骨髓移植实验，并和约瑟夫 · 费雷比（Joseph Ferrebee）利用狗模型进行了大量尝试。终于在 1957 年，他们对一位白血病患者先是进行全身的辐照，然后利用另一位未得病的双胞胎亲人提供的骨髓，进行骨髓移植，最后，该白血病患者得到了完全缓解，甚至治愈，这是第一例关于人骨髓移植成功的报道。

然而，之后几年的人骨髓移植却没有那么顺利，并不是每一位患者都幸运地有双胞胎兄弟姐妹可以提供骨髓，针对那些非同卵双胞胎患者的骨髓移植，是一个急需解决的难题。为此，医学界出现了两种解决方案。第一种，正如朱迪·皮考特（Jodi Picoult）在她的小说《姐姐的守护者》（My Sister's Keeper）中所描绘的场景：一对夫妻唯一的女儿罹患了白血病，为了给她治病，让她活下去，在医生的建议和帮助之下，他们又生了一个和大女儿在遗传上完美一致的小女儿，可以说是人造双胞胎。从此，小女儿的使命便是在姐姐病情需要的时候为她捐献骨髓，以维持她的生命。当然，故事涉及的伦理和社会问题，很值得探讨和思考，我们暂不去讨论，书中描绘的方法确实是一种情非得已却又十分现实可行的做法。第二种，便是寻找骨髓移植失败的原因，从而做出针对性的改进。1963 年，托马斯在成功完成第一例人骨髓移植之后，已经开始小有名气。因此，他受邀来到华盛顿大学担任肿瘤学部的负责人，从而获得了更多的资源。在这里，他利用狗开展了一系列关于组织相容性的研究，发现利用药物可以调控相同种属动物在骨髓移植时产生的组织相容性问题。很快，伴随国际上其他研究组在这一领域的推进，对那些没有双胞胎的白血病患者进行同胞骨髓移植，也就是采用可以配型的亲属来源的骨髓，同时辅助调控组织相容性的药物，防止免疫排斥，逐渐获得了成功。骨髓移植技术也在之后的二三十年间一步步走向了成熟，并被应用到除白血病治疗以外的其他多种疾病。

目前，骨髓移植可以治疗的疾病类型不仅仅包括后天获得的疾病，还包括那些先天性的疾病，患病者既有成人，又有儿童。具体包括：再生障碍性贫血、阵发性睡眠性血红蛋白尿症、慢性髓细胞性白血病、幼年型粒－单核细胞白血病、成人或儿童急性髓细胞性白血病、成人或儿童急性淋巴细胞白血病、骨髓增生异常综合征、骨髓增殖性肿瘤、多发性骨髓瘤、霍奇金病、B 细胞或T细胞非霍奇金淋巴瘤、慢性淋巴细胞白血病、系统性淀粉样变性、乳腺癌及生殖细胞肿瘤、肾脏恶性肿瘤、神经母细胞瘤、免疫缺陷性病毒感染、部分自身免疫性疾病、范科尼贫血、镰状细胞贫血以及珠蛋白生成障碍性贫血等。除了以上这些较为成熟的疾病治疗方案，骨髓移植可以治疗的其他疾病还在不断地摸索当中，随着时间的推移，这个治疗清单还会不断地增长。

鉴于骨髓移植的重要应用价值以及骨髓的重要作用，国际上成立了骨髓库，我国也顺应国际科学发展，在政府的指导下，成立了中华骨髓库。类似于血库的建立，骨髓库的建立为不时之需提供了有力的后勤保障，但是相较于献血人数，捐献骨髓的人数却相去甚远。这也是情有可原的，早期的骨髓捐献需要捐献者承受较大的疼痛，毕竟需要采用机械工具深入骨头的骨髓里才能收集骨髓，并且为了获得足够的数量，往往需要收集较长的时间和穿刺较多的部位。有个词叫“深入骨髓的痛”，想想就很可怕，因此吓退了很多想去捐献骨髓的人。

随着科学的进步，人们逐渐认识到，骨髓里有多种类型的细胞，当它们被一股脑地从供体移植到受体后，虽然都或多或少地参与到了新个体的血液系统重建，但是最关键、最重要的细胞还

是造血干细胞，如果仅仅移植造血干细胞，也具有很好的疗效。就这样，又经过多年不懈的努力，科研人员终于想出了办法，可以诱惑造血干细胞离开它那温暖的小巢，也和子孙们一样，进入血管，开始周游全身。这样，我们就可以在身体其他部位的血管中将其拦截下来，再也不用去它的家里骚扰和搞破坏了。目前，这种动员造血干细胞从骨髓进入外周血，再进行富集的办法，已经成为主流的手段，因此，捐献骨髓已经和献血一样简便，再也不用恐惧了。即便如此，很多人的认知还是停留在以往的记忆中，推广骨髓捐献更应该广而告之，全民动员，才能将我们的骨髓库丰富起来，造福更多的患者。

既然清楚了只要有造血干细胞就可以实现造血重建，科学家们自然想到了在不同血液来源的样品中检测和富集造血干细胞，转一圈下来，发现早年常常被丢弃的脐带血中含有较为丰富的造血干细胞。正常的一根脐带中大概有多少血呢？大约为100毫升。这是什么概念呢？如果将其全部装入完整的鸡蛋中，可以装满两个鸡蛋。那么这么多的脐带血里有多少血细胞，又有多少造血干细胞呢？据统计，有一亿多血细胞，一百万造血干细胞，比例约为百分之一。如果一胎生了双胞胎，那么相应的数目就变成两倍。基于这些数字，脐带血来源的造血干细胞完全可以用来进行移植。当然，这里不能再叫骨髓移植，严格意义上说，应该称为造血干细胞移植。因为前者已经深入人心，因此，人们常常也将造血干细胞移植叫做骨髓移植，意思基本是一样的。

第一例使用脐带血来源的造血干细胞进行治疗的病例是范科尼贫血，发生于1988年10月。当时，美国杜克大学医学中心收治了一名5岁的小男孩，他在2岁时就被查出了全身性的血细胞减少症，一系列的临床症状表明他患有范科尼贫血，包括发育迟缓、左手有 6 个拇指、左肾缺如，以及尿道下裂等。如果再不进行治疗，就有可能进一步发展成癌症，并威胁到生命。幸运的是，他的父母既不是近亲结婚，也没有血液方面的家族遗传病史。而且他的母亲在前一年六月份又怀孕了，到底有意而为之还是无意中招，我们不得而知，但在当年二月，他的母亲顺利诞下一名女婴。初步的检测表明，这个小妹妹是没有范科尼贫血的健康的婴儿，因此，当时冻存了两大袋她出生时的脐带血和一袋胎盘血。在给这个小男孩进行细胞移植治疗前两周，这些脐带血和胎盘血从印第安纳大学医学院被空运到杜克大学，途中全部采用冷链运输技术，使这些血液保持在零下 175℃。在进行移植的当天，这些冻存的血液被加温后复苏，研究表明 82% 的细胞仍旧是活着的，部分细胞送到巴黎检测，结果也表明其中仍然包含有造血干细胞。为了提高移植成功率，减少感染，小男孩在移植前一周多就住进了一个单独且特殊的病房，如同我们之前提到的细胞培养间，可以进行空气过滤，而且所有进入这个房间的手术物品和器材等都经过辐照处理。除此之外，还给他服用或注射了多种抗生素，防止细菌感染、真菌感染以及单纯疱疹病毒感染等。移植前一天，对他的胸腹部进行了一定剂量的辐照处理，为了防止其他脏器损伤，肺和肝脏进行了遮盖性保护。在完成脐带血移植后两个小时，小男孩出现了急性的打颤、发热和血压升高等不适症状，但很快又缓解了。一个月后，他度过了早期的排斥反应和肝功能紊乱等不良症状，渐渐恢复正常。半年之后，无论是在他的外周血还是骨髓中，都检测到了来自其妹妹的血细胞和造血干细胞，从而证明脐带血移植和骨髓移植一样，具有相同的造血干细胞移植效果。

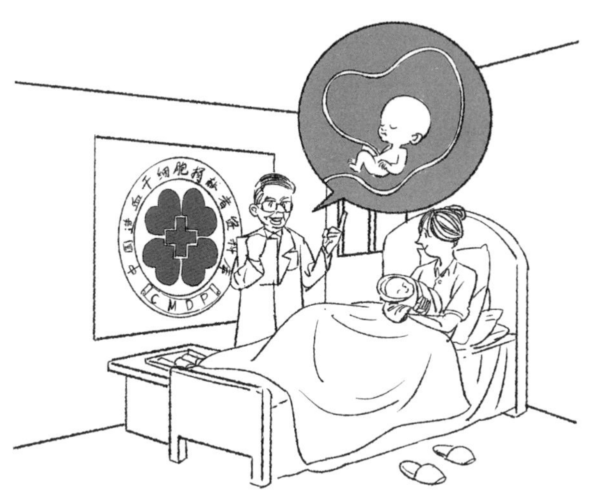

如同血库和骨髓库的建立，鉴于脐带血的巨大价值，我们也因此建立了脐带血库。人类的繁衍生生不息，每年有数以千万计的婴儿诞生，每一个婴儿都带来一根脐带，因此，脐带血的收集会无穷无尽。而且，脐带原本就是作为无用之物被丢弃，收集时无论对母亲还是婴儿都是无创的，也不会产生任何的不适感，脐带血库的规模一定会超过骨髓库，成为造血干细胞来源的重要仓储基地。当前，社会上有两种脐带血库的存在，一种是国家管理的公立脐带血库，依赖于家庭的捐献，完全出于公益；另一种则是公司成立的私立脐带血库，主要依赖于家庭出资贮存，等同于办理细胞保险。然而，每个人一生使用自己出生时存储的脐带血的概率极低。除此以外，造血干细胞的移植也需要根据患者的体重来进行调整，一位体重在 50 千克以上的成人所需要的造血干细胞移植量，往往是之前提到的 4 个以上鸡蛋的脐带血量。大家可以换算一下，自己存的脐带血够不够呢？如果大家都能达成一致，捐献给脐带血库，形成全民共享和互惠，效果绝对会更胜一筹，也更为实用。

写到这里，仔细阅读本书前文以及爱动脑筋的读者一定会问，之前说细胞可以被养大，从少变多，为什么不直接培养造血干细胞来用于移植治疗，而非要建立骨髓库和脐带血库呢？理论上，对于不同血型的造血干细胞，只要每种来上一点细胞，大量培养和扩增，就能获得大量且无限的造血干细胞，任何想要进行移植治疗的患者都能够随时随地获得细胞。这也是科学家最初的心愿，然而，随着对造血干细胞研究的深入，人们发现理想是美好的，现实却是残忍的。对造血干细胞的培养，有一个悖论：如果造血干细胞想要保持住自己老祖宗的地位，就不能增殖，我们称之为“静息状态”，一旦这个细胞被培养进入增殖状态，就会丢失静息状态。虽然看起来还是造血干细胞，但是它作为老祖宗的特征就会丢失。因此，从理论的角度来说，想把造血干细胞养大是一件极其困难的事情。即便如此，国内外依旧有很多研究人员不忘初心，迎难而上，带着困难就是挑战、突破瓶颈就会迎来机遇的决心，在培养造血干细胞这件事情上孜孜不倦。期待不久的将来，一个纯粹的造血干细胞库能够取代脐带血库和骨髓库，为更多的患者带来生的希望。

学过辩证唯物主义的我们都知道，任何事物都需要一分为二来看待。以上这些，都是关于造血干细胞移植有利的一面，最后，我们来说一说不利的一面。这得从历史上发生的3件刑事案件说起，而最终侦破案件的人不是一线警察，而是法医。2000年11月份，一名女性成为一起强奸案的受害者，警方为了找出强奸她的凶手，对这名女性受害者阴道内残留的精液和内裤上遗留的体液进行了遗传物质分析，将分析结果与国家遗传信息库进行比对。比对的结果显示出了两个男性的遗传信息，而其中一位竟然还是她的哥哥,这是怎么回事,难道真的是自己的亲人参与此案件吗?另一个案件则是对一起火灾中没有来得及逃生，不幸遇难的两具尸体进行亲属关系鉴定，两具尸体都是小孩，一个男孩和一个女孩，而且已经遭受严重的烧伤，根本无法从外貌上识别他们的身份；为此，需要对他们的遗传信息进行检测，和他们的父母进行比对，才能核实。然而，检测结果非常出人意料，从小男孩心脏中抽取的血液检测结果没有任何问题，可以肯定是这对父母的孩子，而小女孩的检测结果却是阴性的，难道这不是他们的宝贝女儿吗？事件三则发生在 2004 年，美国阿拉斯加的一个犯罪现场找到了疑似凶手的精液标本，当对标本进行遗传物质分析，并与罪犯遗传数据库进行比对时，确实找到了嫌疑人。但问题是，这个嫌疑人根本没有作案时间，因为案发时他正在监狱里服刑，这是百分之百可以肯定的。那么，如果他不是凶手，他的遗传信息又为什么会出现在现场呢？通过对以上所有案件参与者和嫌疑人进行详细的问询后发现，无论是第一个案件中受害者的哥哥，第二个案件中的小女孩，还是第三个案件中的狱中嫌犯，他们都有一个与骨髓有关的共同的特征，那就是要么进行了骨髓捐献，要么进行了骨髓移植，从而导致他们的体内或者他人的体内，出现了不属于本人的遗传信息。而这些意外产生的遗传信息就是由造血干细胞携带所致，从而使整个案件分析起来错综复杂，如果没有深入追查，往往导致冤假错案。值得注意的是，之所以在精液中也检测到了捐献者的遗传信息，并不是因为造血干细胞变成了精子，而是因为精液中存在大量的免疫细胞，这些细胞来源于造血干细胞。而造血干细胞能否变成精子，从而导致骨髓捐献者在遗传水平影响受体的后代，现在还不清楚。现在，在法医检测领域，已将这种奇特且不多见的现象称为“奇美拉现象”，这主要

来自希腊神话中的记载，有一种动物叫奇美拉，它具有狮子的头、羊的身体和蛇的尾巴。这些现象最早是被外国人发现的，如果在中国发现的话，我想肯定会以《山海经》的某个异兽命名，因为在这本书中记载了太多类似奇美拉，却源自中国神话的异兽，比如陵鱼、开明兽、龙鱼、并封和蠪蛭等，简直数不胜数。

8 干细胞知多少

说完造血干细胞，大家可能还是要问，干细胞到底是什么细胞？根据字面意思，外行的人以为是什么都能干的细胞。然而，这是完全错误的理解，其中，“干”的意思完全来自树干的“干”，如同参天大树都是在树干的基础上才能枝繁叶茂，干细胞中的“干”也是如此，很多类型的细胞均是由干细胞繁衍而来。从这个意义上说，“干”如同母亲的“母”或祖宗的“祖”，因此，干细胞有时也被称为“母细胞”或“祖细胞”。

干细胞到底能干什么呢？经典的生物学定义是指具有自我更新能力和分化潜能的细胞。怎么去理解呢？打个不恰当的比方，如果一个人既能生出小宝宝，又能自己一变二，二变四，那么就可以称呼这样的怪人为“干性人”。当然，人肯定是没法做到的，任何动物都无法做到，但是细胞可以，这就是干细胞。因此，通俗地说，如果一块组织或器官缺少了一块肉，那么在有干细胞存在的情况下，1个干细胞就会变成2个干细胞，2个干细胞变成4个、8个、16个等，并且这些细胞可以进一步转变为构建三维组织的细胞，参与损伤部位的修复，从而达到再生的目的。这便是干细胞的魅力所在，干细胞也因此受到追捧。

既然干细胞具有如此强大的魔力，是不是可以直接用干细胞来治疗疾病，达到我们想要的目的呢？回答这个问题，我们需要进一步明白干细胞到底有多少种类型，因为不同的干细胞具有不同的功能，我们不能混为一谈。从时间的角度来进行划分的话，干细胞从早期到晚期，依次包括全能干细胞、多能干细胞和单能干细胞；从空间的维度来归类的话，多数干细胞可以笼统地说成是成体干细胞，而成体干细胞根据不同组织或器官所在，可以相应地命名为不同类型的干细胞，如神经组织的干细胞被命名为神经干细胞，血液系统的干细胞被称为造血干细胞。以上干细胞的分类往往存在着交叉，例如单能干细胞主要是成体干细胞；而全能干细胞与多能干细胞主要存在于胚胎时期甚至更早期，在生命尚未完全建立之初。

提到干细胞，另一个概念也必须提到，那就是发育。家里有孩子的人都容易理解，发育就是指小朋友从小长到大，包括长个子、长身体、出现第二性特征等。这是没有错的，完全正确，但是我们这里要说的发育，却要从一个最为特异的细胞开始说起，那就是受精卵。什么是受精卵呢？它从哪里来呢？当父亲和母亲坠入爱河，建立起家庭后，父亲提供精子，母亲则提供卵子，当这两个“子”会面且拥抱在一起之后，便形成了受精卵。这是一切发育的起源，在此之后，经历各种魔幻般的变化，进一步产生了不同类型的干细胞，再然后就有了组织，有了器官，有了胚胎，有了具有意识思维的个体。

那么我们之前提到的全能干细胞和多能干细胞，到底是在发育的什么阶段产生的呢？当一个受精卵产生后，1 个细胞会变成2个,2个再变成4个,以此类推,接着就有了8个、16个、32个……紧接着，这些细胞的工作职能便产生了分工，有的细胞继续发育成包裹其他细胞的外层，有的细胞则躲在这些保护层的里面，这些躲起来的细胞便是多能干细胞，并且它们还有个非常响亮的名字——胚胎干细胞。在后续的章节中，我们将解释它为什么这么响亮。而那些既能发育成外围保护层，又能发育成内部胚胎干细胞的细胞，我们则称之为全能干细胞，因为它们真正地可以发育成一个成熟个体所需的全部细胞。外层细胞的持续发育并没有特别的花样，它们只是提供保护和营养。内部胚胎干细胞则完全展现出了如孙悟空七十二般变化一样的绝技，最终发育为行使不同功能的细胞，这其中就包括成体干细胞。

当胚胎期的细胞急剧增多，不断地累积和叠加，细胞变身为胚胎，并逐渐拥有了意识思维，我们称之为胎儿。胎儿在子宫内通过胎盘不断地吸吮营养，茁壮成长直至从母亲的身体里离开，伴随哇哇啼哭，作为独立的生命个体，来到这个世界，成为婴儿。从此时起，我们将其身上的干细胞，全部定义为成体干细胞，直至少年、青年、中年和老年。因为在这些时期内，所有的组织和器官已经基本成型，只是功能上存在或多或少、或强或弱的差别。每一种组织或器官里面存在的干细胞，即成体干细胞也被命名为对应组织或器官的干细胞，正如在前面所举的例子。

至于成体干细胞如何实现再生，得从两个方面来说，一个是内源的，一个是外源的。所谓内源，即身体里内在的成体干细胞，当该干细胞所在的组织或器官发生损伤的时候，它们就开始工作，一边复制自己以增加细胞数目，同时，分化为其他细胞，堵住伤口，填补丢失的细胞；一边开始从体内释放众多的化学信号，如同雄性动物分泌性激素吸引雌性动物一般，招募一些它自身不能产生的细胞，来帮助它自身及其子孙后代，共同修复损伤的部位，从而达到再生的目的。外源的干细胞主要指人为地输入成体干细胞，以增加体内参与修复的干细胞数量，或者是填补干细胞的空缺，从而达到修复的目的或提高修复的速度。

既然发育后期的成体干细胞具有如此强悍的再生能力，那么发育早期的胚胎干细胞是否会具有更强的能力，外源给予胚胎干细胞是否会比成体干细胞具有更佳的修复速度呢？我们说，不能想当然，逻辑上可以这样推理，但事实上是完全行不通的。因为胚胎干细胞在自然发育的过程中只出现在胚胎时期，如果强行将其挪到成体组织中，它可不会按照我们的意愿去行使功能，毕竟强扭的瓜不甜。它们会在被移植的组织内自娱自乐，继续发挥其具有繁衍子孙后代的超强能力，从而形成自己的小世界。这个小世界里不但有局部组织所需的细胞，更多的是本不该属于这里的其他细胞，从而威胁着土生土长的原住民细胞，不但起不到帮忙的作用，反而会帮倒忙。如果是这样的话，那么胚胎干细胞在再生医学里就没有利用价值了吗？我们刚刚说过，成体干细胞通过内源和外源两种方式发挥作用。胚胎干细胞既然在内源的情况下是起消极作用的，那么外源的情况下表现如何呢？经过研究和理论推理，我们认为胚胎干细胞可以在外源，也就是生物学中常说的体外培养条件下，如同体内发育一般，演变为各种类型的细胞。因此，我们可以在体外条件下利用胚胎干细胞转变为我们想要得到的细胞类型，如果我们很难从体内获得这类细胞，那么可以将其作为外源细胞，移植到受伤的组织或器官，从而实现再生修复。单单就这一点来说，胚胎干细胞犹如上帝的恩赐，具有无限的应用价值，因此，历史上对其展开过热烈的追捧。

话说至此，大家一定会认为干细胞无处不在，所有的组织里都应该有其独有的干细胞，所有的干细胞都应该是有益的，对吧？这句话既正确，又错误。为什么这样说呢？正确指的是，不仅正常组织中有干细胞，就连肿瘤这样变异的恶魔组织中也存在干细胞，然而这类干细胞却不是越多越好，而是越多越坏；错误指的是，并不是所有的正常组织或器官里都存在着干细胞，其中最令人匪夷所思的器官就是心脏。心脏干细胞的发现也曾被认为是最令人激动不已的发现。因为长久以来的共识是，心脏一旦发生心肌梗死等损伤后，是无法发生再生和功能修复的，因此，心血管疾病导致的病死率一直都居高不下，位居人类疾病致死因素前三名。但是如果有心脏干细胞的存在的话，理论上就可以实现心脏损伤后的再生，只是我们尚未找到唤醒该魔法的口诀。然而，世事皆非完美，现有的证据再次表明，心脏干细胞的存在只是一个美丽的谎言，也就是说心脏里并不存在心脏干细胞。希望与绝望，就这样在人世间穿梭，将人们玩弄于股掌之间。

心脏对于人体的重要性已经不言而喻，在各种机械损伤的情况下，只要不是伤及心脏，我们也常常认为这个人还是可救的。在看各种电视剧或电影时，我们常常会听到医生在手术后说：“子弹或者刀尖离心脏就差 1 厘米，太悬了。”由此可见一斑。在正常生活中，对普通人来说，心脏病主要体现在两个方面：一个是心衰，即心力衰竭，心脏的收缩和舒张能力发生障碍，从而引起血管内血液淤积；另一个是心梗，即心肌梗死，是心脏血管被阻塞导致的急性心肌细胞死亡，并伴随心绞痛，往往具有极高的死亡风险。面对这两个心脏杀手，干细胞治疗也相应地集中在两大方向，方向一是利用干细胞弥补缺损的心肌细胞，方向二则是利用干细胞的分泌物提供心脏保护功能。

2000年，有国外学者报道造血干细胞不仅仅可以产生血液里的多种血细胞，而且在心脏遭受损伤时，可以钻进心脏，变成心肌细胞，从而达到修复心脏的目的。但问题是，这一结果一直饱受争议，直至现在也没有被证实。紧接着第二年，美国人皮耶尔·艾佛萨（Piero Anversa）在心脏里找到了心脏干细胞，也就是说这种干细胞可以直接分化为心肌细胞，源源不断地补充丢失的心肌细胞。也正是因为这个轰动性的发现，让他获奖无数，承担了上百项科研项目，手握无数的科研经费，俨然是干细胞领域的重要人物之一，当然更是心脏领域的牛人之一。一个全新的心脏干细胞研究方向在他的带领下，成为了全美乃至全球范围内的热门研究领域，引得成千上万的研究人员竞相跟随。然而，在发现后不久，就有科研工作者陆续报道他们找不到所谓的心脏干细胞，争议一直不断。直至2018年，全球心脏领域的学者联合发表论文声明：根本没有心脏干细胞的存在，针对它的研究都是伪命题，从而将这个争议盖棺定论。那么，大家不禁要问心脏干细胞既然不存在，那么这个骗局为什么会持续17年之久？说到底，一是因为艾佛萨本人自恃为该领域权威，对和他不同的研究结论采取打压政策，从而导致相关质疑论文很难发表，二是因为很多研究者对权威还是采取盲目信任和崇拜的态度，自然很难发现其中隐藏的问题和猫腻。这里又回到科学研究的老问题上，要敢于提问，敢于挑战权威，但同时必须做到有理有据，不能乱喊口号，只有这样，才能有新的发现，才能推动科学的进步。

心脏干细胞的造假事件一出，让这个研究领域迅速跌入了冰谷。但是，我们还是有理由相信，干细胞虽然在心脏修复上无法帮忙，但是在心脏保护上还是值得深入研究的。无论是造血干细胞，还是其他类型的干细胞，比如我们后面将要介绍的间充质干细胞，都已经被证明对心脏损伤后的心肌细胞保护以及血管保护有积极的作用。除此以外，心脏中虽然以心肌细胞为主，但是也存在大量的血管，组成血管的血管内皮细胞中确实存在心血管内皮干细胞，这类细胞对心梗后损伤血管的修复还是有很大帮助的。因此，既然心肌细胞修复这条大路很难走通，采用迂回路线，通过修复血管达到辅助保护功能，也是大有裨益的。

与心脏类似，大脑或者说整个神经系统，对人类和其他动物来说也是极其重要的，一旦损伤，就不是小事，不是毙命就是严重残疾。除此以外，组成大脑和神经的主要细胞是神经元，如同心脏中的心肌细胞一样，都不具有可再生的能力，一旦损伤或者死亡，这块神经组织就算缺了一块肉，很难修复和恢复功能。但相比之下，神经要比心脏幸运多了，因为神经干细胞不但被证明实打实的存在，而且已经在某些神经系统疾病的治疗中崭露头角，着实未来可期。

关于神经系统的神经元在损伤丢失后，是否有新生的神经元自然产生，替补缺失的细胞，直至今天，依旧存在两大学派争论不休。一派认为只有在胚胎期才会产生新生神经元，出生后，尤其是成年期，是不会产生新的神经元的；另一派则认为，无论胚胎、幼年，还是成年期，神经元的新生一直都在发生着，只不过随着年龄的推移，发生的频率由高变低而已。争论虽然存在，但是关于神经系统中干细胞的发现和成功分离在一定程度上说明，神经系统的再生确实是可以产生的。1989—2002年，莎莉·坦普尔(Sally Temple)、布伦特·雷诺兹(Brent Reynolds)、乔纳森·弗拉克

斯（Jonathan Flax）和弗雷德·盖奇（Fred Gage）等人，先后从胚胎小鼠、成年小鼠、人的胚胎和成年人的大脑中分离获得神经干细胞，并培养成功。但是由于技术条件的限制，以及对神经干细胞的特性不是十分了解，科研工作者们主要采用悬浮培养的方法来培养从大脑中分离得到的细胞，因为神经元等细胞很难存活，所以活下来的细胞理论上就是干细胞。神经干细胞在长大的过程中很喜欢抱团，随着细胞数目的增加，它们会聚在一起形成一个圆球，很容易识别，故得名神经球。此外，为了证明神经干细胞是一种干细胞，除了能形成球以外，还要看它能否像造血干细胞一般，具有老祖宗的身份特征，即产生子孙后代。神经干细胞分化得到的后代虽然没有造血干细胞家族那样庞大，但也不算少，总体来说包括三群后代，分别是神经元、星形胶质细胞和少突胶质细胞。至于每个后代细胞的形态，我们在之前的章节中已经有过描述。其中，关于神经元，根据所在部位的不同和执行功能的不同，又可以划分为多种类型，所以绝对算得上独门独院的大户人家。

既然已经知道了神经干细胞的存在，又能成功地分离和培养获得大量的神经干细胞，那么如何才能让这些细胞为我们服务，实现神经系统损伤后再生的目的呢？为了进一步解说神经干细胞促进神经再生，首先需要解释两个概念——精神病和神经病，以防大家产生混淆。前者是指影响情绪、思维和行为的疾病，往往不涉及物理层面，所以不在我们讨论的范围内。后者则是指神经系统的病变，会引起各种功能性障碍，影响日常生活乃至危及生命。神经病的发生既有先天性因素，也有后天性因素，诱因则多种多样，治疗也因病而异。神经干细胞在体内不是均匀地分散于神经系统各个部位，而是主要局限于几个特定的地方，正如造血干细胞喜欢住在骨髓里，神经干细胞在大脑中喜欢待在两个名为侧脑室室下区和海马齿状回颗粒下区的地方。当其他部位的神经受损以后，这两个地方的神经干细胞可以沿着神经纤维铺设的道路，从家里一路迁移到损伤部位，一方面分泌营养因子，安抚受损不严重的神经元，让它们安静下来，防止受到惊吓而情绪失控；另一方面则会分化为丢失的神经元或其他类型的细胞，起到替补队员的作用，从而达到损伤部位的组织再生和功能修复。

对于那些距离太远，无论是快走还是奔跑，也很难到达的损伤部位，想让神经干细胞通过步行的方法一步一步挪过去，基本是不现实的。因此，这类神经系统疾病的治疗，则可以考虑采用神经干细胞移植的方法。好在神经干细胞不同于造血干细胞，一旦从体内分离出来以后，在体外条件下很容易就能被培养起来，想要多少就有多少，而且长的速度还挺快。因此，目前来说，没有听说要建立神经干细胞库的风声，也没有必要去建立。接下来，我们将介绍三种典型的神经系统疾病，都可以采用神经干细胞移植进行尝试性治疗，而且在部分患者中已经获得了不错的治疗效果。

脊髓损伤是一种在我们身边比较常见的神经系统疾病，常常是因为外力原因导致位于脊柱内的神经纤维受到压迫而断裂，从而导致瘫痪。如我国体操运动员桑兰和美国“超人”的扮演者、著名影星克里斯托弗·里夫（Christopher Reeve），他们分别因为训练意外和骑马事故导致高度截瘫，不得不终身坐在轮椅上。如果有机会能够在受伤后的短时期内将神经干细胞移植到损伤的部位，同时辅助其他凝胶材料或支架材料，防止细胞在移植部位随着脊髓液流失，他们两位都是有可能摆脱轮椅，并再一次站立起来继续行走的。

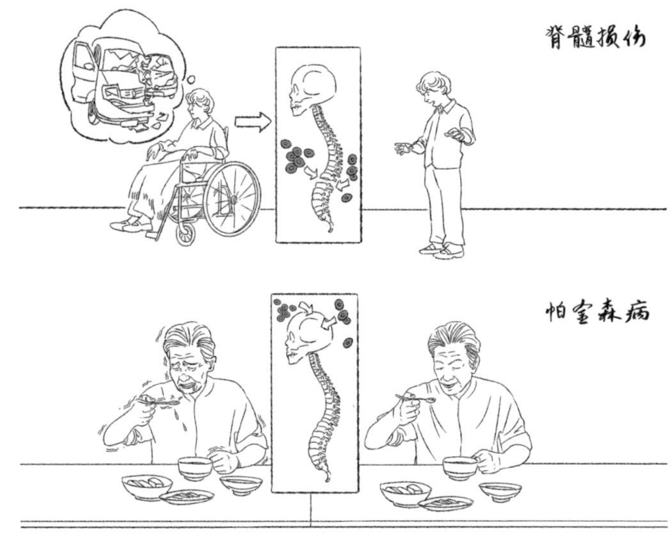

帕金森病是一种常见于老年人的神经退行性疾病。随着年龄的增加，神经细胞的功能退化或病变，导致其中一种名为多巴胺能神经元的细胞功能丢失或死亡，分泌的多巴胺减少，老年人就会表现出不自主的手足肌肉僵硬或颤抖。有些人拿着勺子吃饭，手一直抖个不停，很难把食物送到嘴里，可能就是这个原因。为了治疗该疾病，需要在体外对神经干细胞稍微做些处理，让它略微分化，直接变成多巴胺能神经元或其祖细胞，然后再将这些细胞注射到病变的部位，理论上可以达到治疗这类疾病的效果。

第三种疾病，则是神经系统的肿瘤，尤其是脑肿瘤，比如恶性程度非常高的胶质瘤，目前尚无很好的靶向治疗药物。但是利用神经干细胞可以迁移和喜欢爬向损伤部位的特点，现在已经有科学家把神经干细胞作为“运货卡车”，在里面装上药物，然后再把这些细胞注射到脑内。携带有药物的神经干细胞就会定向地朝肿瘤部位移动，一旦到达预定地点，便会卸下“货物”，杀死肿瘤细胞，实现精准治疗，且不伤害其他正常细胞。

当然，目前介绍的这些疾病的治疗，虽然已经在部分患者身上开展了临床试验，并且取得了或多或少的预期效果，但是总体不是十分稳定，尤其在某些患者身上并没有任何治疗效果，所以离最终的普及大众还有很长的一段路要走。但是无论如何，这是一条充满希望的康庄大道，相信在不久的将来，随着对疾病认识的深入，对神经干细胞特性的了解更加全面，一定能够实现神经干细胞移植对神经病治疗的全面胜利。

聊完造血干细胞和神经干细胞，下面聊聊间充质干细胞。如果去美国政府临床注册网站搜索的话，你会发现，以开展临床试验的数目来计算，除了造血干细胞高达几千次以外，排名第二的间充质干细胞也有上千余次，而神经干细胞才几十次。目前，在市场上，充斥最多的干细胞就是间充质干细胞。无论是大医院，还是小医院，无论是公立医院，还是民营医院，都在如火如荼地开展间充质干细胞移植的临床试验，而且治疗的疾病类型也是五花八门。不要说一个外行很难看明白，我们从事干细胞研究的人也看不明白，犹如雾里看花。那么，为什么间充干细胞会如此受到热捧，它真的具有包治百病的功效吗？

1991 年，美国人阿诺德·卡普兰（Arnold Caplan）首次将 3 年前其他研究员从骨髓中分离得到的一群干细胞命名为间充质干细胞，并证明了这类细胞具有分化为软骨、骨骼和脂肪的能力。此后 10 年，来自世界各地的研究组采用了多种现代技术手段，对这些细胞的特性进行了鉴定，并找到了一些通过细胞长相分离它们的办法。随着研究的深入，研究人员越来越认为这类细胞不是干细胞，因此，在 2006 年国际细胞治疗学会的年会上，大家一致建议将其名称改为多能性间充质基质细胞。虽然有了一个官方的命名，但是大家并不买账，间充质干细胞的名字已经深入人心，即便卡普兰本人也在之后建议改名，比如称之为医学信号细胞，但根本无济于事。由于没有一个统一的标准，随着参与研究的人员越来越多，关于间充质干细胞的来源也是层出不穷，除了一开始提到的骨髓，在脂肪组织、脐带、胎盘、羊膜、牙齿以及女性经血中都发现和分离得到了这类细胞。除此以外，间充干细胞的分化能力也不再局限于之前提到的三群细胞，甚至可以分化为心肌细胞、肝细胞、神经细胞、肌细胞以及血管上的内皮细胞等。可以说，只有你想不到，没有它做不到的。正是由于这些不清不楚的报道，间充质干细胞的功能一下被神化了。尤其是在资本市场的助推下，可谓有钱能使鬼推磨，微弱的功能被称为很强的疗效，哪怕是没有的功能也能说成是有效果的。就这样，从其发现至今，经过 30 年的疯狂发展，间充质干细胞已然成了一个全民娱乐型的干细胞，相关的研究论文超过了 3 万篇，并被应用到了对各种疾病的治疗当中，从精神病到神经病，从肺病到胃病，从肠道疾病到肝脏疾病，从皮肤病到免疫性疾病等。

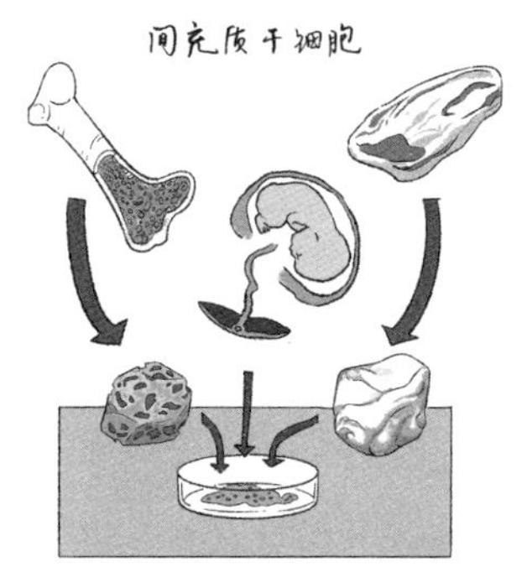

一个未得到充分研究的细胞，却被应用到这么多疾病的治疗中，虽然可能会产生很多意想不到的惊喜，但更多地还是充斥着危险。单靠市场的自我净化，往往需要付出生命的代价。从这一点来说，作为专业的科研人员和政府相关政策的制定和监管人士，势必要在这一领域领先于市场，领先于普通百姓。从当前的研究数据来看，间充质干细胞有两个方面的功能是十分确定的，一方面是具有免疫调节功能，通过分泌多种因子抑制炎症反应，促进伤口愈合，并抑制细胞死亡。但是对不同来源的细胞，在功能上是否具有差异，如何做到标准化，如何精准地应用到不同类型疾病的治疗当中，却是需要花费更长时间进行解决的重大问题，否则，间充质干细胞的治疗永远都是一锅粥，无法说清楚到底有效还是无效。另一方面则需要对间充干细胞进行更为细致的分类，针对不同的疾病采用不同亚型的细胞进行治疗。例如，近期的研究表明在这群细胞中存在一种骨骼干细胞，它可以分化为骨骼和软骨细胞，而不会分化为脂肪，那么这类细胞在针对软骨损伤的治疗中，一定会是将来关节损伤后细胞治疗的重要种子细胞。

我们常常听到的干细胞与再生医学是一个很宽泛的学科概念，如果落到实处，大家可能经常听到一个专业名称“干细胞与组织工程”。对于再生医学来说，有了干细胞只能说是有了种子细胞，修复部分组织或器官时，犹如农民春天播种一般，撒点种子，等到秋天就可以收获。但是有些特别的植物，如葡萄和黄瓜等，仅仅播种，然后当甩手掌柜，不管不问，那是不够的，后面还得给它搭棚支架，才能让它快乐地生长。在再生领域也是如此，但是干细胞生长所需要的支架可不是普通的树枝或者竹条，而是依赖于现代材料学的发展和不断的更新换代，我们称之为支架材料。这些材料既要有很好的组织相容性，能够允许干细胞爬上去，又要能和组织和睦相处，不具有毒性，同时还要有一定的韧性和可降解性，内部有一定的空隙，而空隙的大小根据不同干细胞的大小进行调整，才能让细胞在其内部安居乐业。在这些材料中，有些来自大自然的恩赐，最为常见的就是蚕丝，它不仅可以用来做衣服，将其融化后再重新喷注成新的形状，那可是一流的干细胞支架；另外一些则是利用人工合成技术，设计出的仿真材料，再在上面抹上一层细胞分泌的各种蛋白质和糖等，干细胞也喜欢得不得了。

刚刚提到的间充质干细胞具有分化为软骨细胞的能力，因此将这些细胞结合支架材料，已经在骨科再生修复领域展现出了巨大的应用前景。1997 年，我国学者曹谊林从牛体内分离得到软

骨细胞，并在体外培养，获得了足够量的细胞时，将其与可降解材料做成的人耳朵形状的支架共同孵育一段时间，软骨细胞不但爬满了支架，而且钻进了支架里面。他再将这个含有软骨细胞的耳朵形支架移植到了无毛小鼠的皮下，从而获得了一个长在鼠背上的人工耳朵，远远地看上去，像动画片《黑猫警长》中的大反派，名为一只耳的耗子，极其震撼。而这项技术不仅仅停留在了实验室和视觉冲击上，经过之后 20 多年的努力，他和他的团队建立了国家组织工程中心，并和上海交通大学医学院附属第九人民医院的整复外科等科室合作，成功地对那些外耳郭缺陷的儿童实施了人造耳朵的移植，不仅为患者的生活带来了极大的便利，更是将干细胞的应用向前推动了一大步。

除了人工耳以外，人造皮肤的出现也得益于干细胞和组织工程的结合。皮肤是人体抵抗入侵的第一道防线，当遭遇大面积烧伤、烫伤以及其他缺失性创伤时，皮肤很难进行自我修复，如果不及时进行治疗，就会导致病毒和细菌等病原体直接进入身体，引起感染等各种问题，甚至有可能危及生命，同时给患者的日常生活带来极大的不便。因此，为了治疗这类患者，通常采用的手段就是植皮，比如把屁股、腹部或背部的皮肤先进行扩张，然后再将这些多余皮肤移植到损伤部位，进行覆盖，从而达到较好的治疗效果。但是如果遇到损伤面积过大，缺少可供移植的皮肤时，也会临时采用其他动物的皮肤进行短暂的保护性覆盖，比如猪的皮肤，甚至是鱼的皮肤等。然而，后面这些治疗方式只是过渡性的，通常治标不治本，所以这时就需要考虑采用人工皮肤了。但是，不要小看皮肤哦，不要以为它就是简简单单的一层膜而已，如果从专业的生理和解剖学角度来看的话，皮肤作为器官，其结构的复杂性远远超过其他一些器官。从皮肤最外侧到最里层，依次可分为表皮层、真皮层和皮下层，其中又包含毛发、皮脂腺、立毛肌、动脉、静脉、毛囊、汗腺、神经和脂肪细胞等。无论缺少哪一层或者哪一个小的组织，都会影响皮肤的功能。直至今天，国内外的研究者已经可以利用皮肤干细胞以及人造凝胶支架等，在体外条件下合成一块较小的皮肤，但是由于合成皮肤的功能不完整以及面积不足，离真正应用到实际的损伤治疗当中还有很长的一段路要走。

随着研究的深入和技术的发展，研究人员无法通过简单的细胞和材料堆加来掌控其形成精准的结构，于是，三维打印技术被应用到了干细胞领域，从而形成了一门极其新兴的学科，即生物打印。三维打印技术始于1984年，当时查尔斯·赫尔

（Charles Hull）研发了立体雕刻技术，并以树脂作为原材料，构架了很多立体模型。20 年之后，美国人托马斯·博兰德（Thomas Boland）突发奇想，构建了第一台以细胞作为喷墨原材料，进行器官打印的原型机。21 世纪初，基于生物打印的研发出现了蓬勃发展。每过一两年，就能在世界顶级学术期刊上看到来自世界各地研究者的最新报道，他们利用不同的凝胶、不同的细胞基质材料、不同的干细胞或其他类型细胞，或单个细胞，或更为复杂的混合细胞，通过精准的控制，打印出了各式各样的动物器官，比如心脏、肝脏、血管等。当然，所有这些，目前只是在实验室里呈现出了器官的形状，而且和实际器官的大小相差甚远，更别说是功能了，因此，它们离实际的应用还遥遥无期。但是无论如何，这是一个才刚刚起步的领域，随着技术的不断成熟和强大的需求市场的存在，在本世纪之内，我们还是有信心能够受益于该项技术带来的成果。

9 细胞家族的祖先

科学技术的发展往往伴随着争议，总是在历史的不同阶段沉沉浮浮。在众多的细胞研究中，胚胎干细胞就属于这样的角色，始于光芒万丈，经历万丈深渊，再到起死回生，最终可能退出历史舞台。

为什么胚胎干细胞会具有如此的魔力，究其原因还是因为它作为发育上最为原始的细胞，自带光环，具有分化为成人个体里全部类型细胞的能力。对于那些众多无法采用已有的方法治疗或者治愈的疾病，理论上采用细胞治疗方案有可能达到治愈的目的，却苦于缺乏种子细胞的情况，胚胎干细胞无疑提供了新的希望。1981 年，英国学者马丁・埃文斯（Martin Evans）和曾在其实验室做过博士后的美国学者格尔・马丁（Gail Martin）先后独立报道在小鼠体内提取出胚胎干细胞并培养成功。埃文斯作为第一个分离得到哺乳动物胚胎干细胞的人，荣获 2007 年的诺贝尔生理学或医学奖。

埃文斯于 1941 年元旦出生于英国斯特劳德镇，当时正值第二次世界大战，英国正在遭受来自德国的轰炸。他父亲所在的工厂正好被摧毁，一家人被迫流离失所，童年对他而言只有饥寒交迫。战争结束后，父亲经常带他一起参加工作，比如组装电灯、修理发电机等，让他从小掌握了很强的动手能力。他人生的第一个独立实验就是用水混合含沙的水泥，但以失败告终，失败原因主要是加了太多的水，这成为了他永久的记忆。这一点比我们国

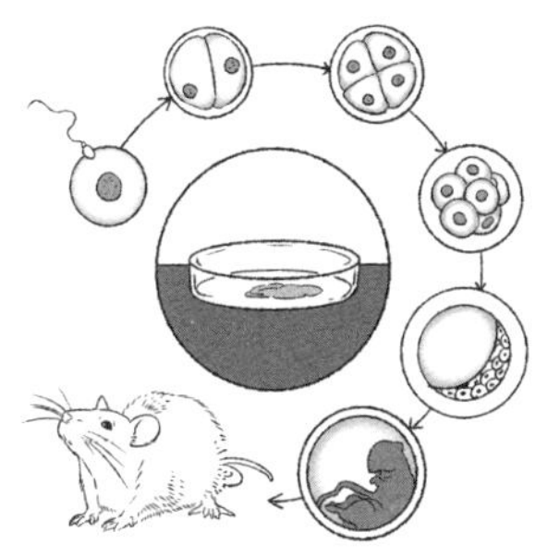

内七八十年代的小朋友高级些，他们主要玩的是和泥巴，东西和方式虽不同，但是原理还是相同的。等到快上学的年纪，没想到他成了一个病秧子，急性阑尾炎、腮腺炎和各种感染一个也没落下，隔三差五住院让他落下了体能差的毛病，但也养成了爱看书的习惯。中学时代，他更感兴趣的课程是化学和物理，常常会因为听到课程里一些专业词汇而兴奋，但是为了凑学分，迫不得已也选修了生物学。直至到了剑桥大学，轻松的学习氛围和不同领域学术大师的熏陶，让他对植物学和遗传学产生了浓厚的兴趣。临近大学毕业之时，他由于生病错过了研究生入学考试，只能在实验室里找到一份研究助理的岗位。好在实验室的导师是一位善于鼓励学生和员工发挥自主能动性的人，他感觉十分轻松，虽然也因此让他在后期的博士生涯中走了很多弯路，踩了很多坑。

常言道，失败是成功之母，这些都成为他人生的宝贵经验，这种学习和科研方式也是他日后指导学生的原则。此时，他正准备开始研究遗传信息如何从细胞核“跑”到细胞质并发挥作用，可问题是要么拿不到足够的细胞，要么不知道具体的研究方向。在朋友的建议下，他决定从小鼠的畸胎瘤开始入手，并以畸胎瘤中的干细胞作为未来研究方向申请了剑桥大学遗传系的教职。这是一个享有盛誉的单位，本以为没有希望，后来因为有人退出，他作为替补成功入职。正是这次幸运的机会，让他在剑桥获得了马特·考夫曼的帮助，并成功分离出了小鼠胚胎干细胞，从而成就了他后半生的荣耀。

在此之后，世界上的其他研究人员陆陆续续地获得了其他动物来源的胚胎干细胞，但是针对人胚胎干细胞的研究，尤其是体外培养，却一直徘徊不前。直至 20 世纪 90 年代末，基于美国人詹姆斯·汤姆森（James Thomson）正大光明的行动和偷偷摸摸的努力，才得以成功。

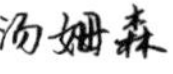

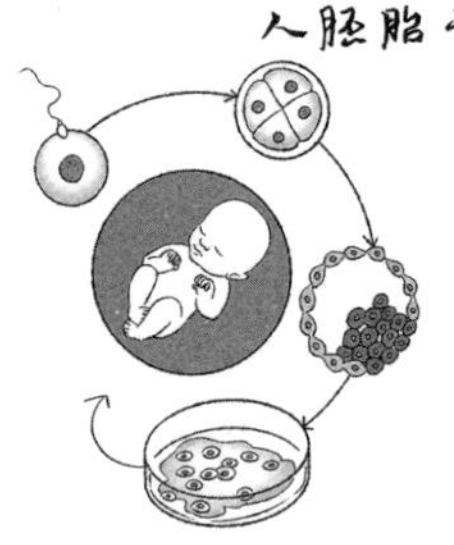

汤姆森于 1958 年 12 月 20 日出生于美国芝加哥，虽然大学时学的是生物物理学，但在攻读博士学位期间，他主攻了两个其他专业，分别获得了兽医和分子生物学双博士学位。之后，他又

在国家灵长类动物研究中心从事了 3 年关于体外受精和胚胎实验相关研究工作，33 岁进入威斯康星大学麦迪逊分校担任兽医病理学住院医师。从这时开始，受到小鼠胚胎干细胞研究工作的启发，他认识到下一步进行灵长类动物的研究已经是大势所趋，并且他自己具有得天独厚的获取原材料的条件。他从一只恒河猴的体内切下一个包含胚胎干细胞的肉球，并借助于特殊的生物学技术，将这个肉球消化打散，然后使混合细胞中的非胚胎干细胞吸附到固定有特定抗体的培养皿上，再杀死这些细胞，从而留下胚胎干细胞。这是一种非常聪明的反向筛选法，去除不要的，留下想要的。然后，他将这些细胞转移到特殊的培养体系里，里面含有生长因子以及小鼠皮肤细胞做成的滋养层细胞，后者可以持续提供营养成分。经过长达半年的连续培养，终于在 1995 年 8 月，首次得到了一个可以持续、稳定保持胚胎状态且具有分化能力的非人灵长类胚胎干细胞系。这些研究结果进一步鼓励了汤姆森开展人类胚胎干细胞的分离和细胞系的建立，然而，打从一开始，这项研究就超出了一个科学研究的范畴，让他不得不像一个陀螺一样旋转起来，解决一个又一个非科学的问题。

当年，美国国会通过了由总统比尔·克林顿签署的著名的《迪基－威克修正案》，禁止利用政府资金开展任何有关破坏人类胚胎的研究。无论是当时还是现在，无论是国际还是国内，大学研究机构的主要科学研究基金还是依赖政府的拨款，如果政府财政在干细胞这一块釜底抽薪，无疑使该领域的研究之路布满荆棘。好在这时，一家来自美国专注于衰老研发的私人生物公司意识到了胚胎干细胞的潜力，愿意提供一笔高额的捐赠经费，支持汤姆森继续开展人胚胎干细胞的研究。有了钱，汤姆森考虑的下一个问题就是找到一个新的实验室，原来的实验室是没有办法用的，因为无论是实验室场地，还是实验室的各种器材，都是用政府资金购置。为了避免利益上的冲突，他在医院里找到了一个废弃的房间，并且从市场上买回几台几乎报废的超净台，建立了一个简单到不能再简单的细胞培养室，并且自己亲自上手，开始他梦想细胞的培养。然而，问题似乎永远伴随着他，开展与人相关的实验必须经过学校伦理审查委员会的审核，只有审核通过了才能进行，否则就是违背伦理。他也知道这是当前政治舆论的暴风眼，为了搞清楚哪些是雷区，他特地咨询了学校法学院的同行，希望从那里获得帮助。在提交申请报告之后，经过两年的讨论，委员会终于批准了汤姆森的研究。可以说，学校在这时也顶着巨大的风险，如果政府因为他们的这个决议而迁怒到其他政府项目对学校的资助，损失将是巨大的。因此，汤姆森即便有了上述一切就绪的条件，还是只能自己一个人躲在那间被遗弃的小房间内做他想做的事情，不敢有任何的声张。

为了获取人的胚胎开展实验，汤姆森一方面从学校周边的小诊所获取体外受精后剩余的胚胎，另一方面得到了以色列拉姆巴姆医疗中心的一位妇科医生提供的冷冻胚胎。采用了和猴子相同的提取与培养技术，他一共处理了 14 个胚胎，并且很快就获得了类似胚胎干细胞形态的细胞，且其中的 5 个细胞可以持续生长。这让他意识到这是他梦寐以求的细胞。为了验证这些细胞是真正的胚胎干细胞，首先，他采用一种只有胚胎干细胞才能染上的染料处理这些细胞，并让路过他实验室门口的一个小护士进来看他的染色结果。当被告知是蓝色的时候，他兴奋不已，也让这个护士成为继他之外，第一个观察到长在培养瓶里的人类胚胎干细胞的人。紧接着，汤姆森又对这些细胞进行诸如体内畸胎瘤等实验，进一步确定了这些细胞的干细胞特性之后，于 1998 年 11 月正式在《科学》杂志上报道了这一结果。

汤姆森是一位内敛型科学家，但是作为获得人胚胎干细胞系的第一人，他还是不得不从幕后走向台前。而这一位置的变化换来的并非全是掌声和鲜花，更多的是来自同行的声讨、政界和民间伦理组织的质疑和反对，且浪潮一次高过一次，让他处在了舆论的风口浪尖。首先，在汤姆森成功建立人胚胎干细胞之后，学校立马宣告了对这些细胞的所有权，并且对购买这些细胞的研究组，不但征收了高额的费用，而且强制签署了基于这些细胞所产生的新发现的专利分配权。为什么个人的研究成果最后会落到学校里呢？这起因于威斯康星大学麦迪逊分校有一个知名的校友研究基金会，在私人公司对汤姆森的资金资助结束之际，是这个基金会伸出了援手，并与其签署了一系列产业转化协议，而汤姆森醉心于科研，对于将来的盈利并不感兴趣。因此，最终的细胞归属权通过这个基金会落到了学校头上。由于这些不平等条约，世界上想利用人类胚胎干细胞开展研究的同行恼怒不已，并将这一切都算在了汤姆森头上，让他成为了众矢之的。

而针对汤姆森研究的反对声主要来自反堕胎组织人士，他们认为如果要获取一个人的胚胎干细胞，就等于杀死了一条生命，正是基于对生命的敬畏，他们才自以为是地反对，认为这是在捍卫真理。然而科学的事实却并非他们臆想的那样，胚胎干细胞的获取只发生在精卵结合后的早期，将尚处在发育初期阶段，而未形成组织的细胞，在培养皿内采用特殊的培养体系进行扩增，最终建成一支可以无限传代的细胞系。在整个过程中，并没有真正意义上的生命，尤其是意识的产生，因此根本算不上是扼杀生命。但是对大多数普通民众而言，即便你对他们解释一百遍，也是如同对牛弹琴。2001 年夏天，争论和反对一度让美国最高行政机构举行了听证会，经过自由人士和保守派人士之间的不断辩论、争吵和相互游说，以保守著称且刚刚上任不久的美国总统乔治·布什最后通过了针对人胚胎干细胞的禁令而结束，这项禁令禁止采用联邦政府资金开展一切建立新的人胚胎干细胞的研究。一个刚刚诞生的新事物似乎很快就被扼杀在摇篮中，但是作为政客，总统的讲话被认为是极其聪明且留有余地的。虽然无法利用人胚胎建立新的干细胞系，但是允许利用当时已经建立且存在的成熟人胚胎干细胞进行科学研究。

这一切都没有阻止科学家们追求真理的脚步，毕竟展开人胚胎干细胞的研究，对未来再生医学的发展是必不可少的。鉴于动物和人源细胞和组织上的差异，不可能仅仅通过小鼠或猴子的研究，就将相应的成果直接应用于人类。美国联邦政府的主要限制包括：不能采用联邦政府基金；不能从女性体内获取新的胚胎干细胞；允许使用已经在体外建成的细胞系，但是不能培养超过 14 天。14 天是一个红线，根据已有的研究结论，发育两周以上会产生多种组织，因此，这一规则一直被科学家们所遵守，直至 2021 年才得以放宽。总的来说继续开展人胚胎干细胞研究，还是留有余地的。但是仅仅利用已有的细胞系是不够的，首先，对布什政府所公布的已建立的 60 个成熟人胚胎干细胞系，很多科学家都感到非常可笑，因为他们根本不清楚这 60 个所谓的细胞系在哪里，如何拿到，而且仅仅靠这些细胞并不能完全满足研究的需要。为此，一众干细胞科学家开始曲线救国，不达目的誓不罢休。很快，在一群有志之士的努力下，包括好莱坞的明星、支持干细胞研究的地方政客和科学家们，他们很快在加利福尼亚州通过了支持干细胞研究的第 71 号提议，并通过普通民众捐资、富豪捐赠和发放全新债券的方式募集了一笔资金，于 2004 年筹建了加利福尼亚州再生医学研究所，并且招募了一批有志之士继续开展人胚胎干细胞的研究。人类再生的希望种子在此种下并萌芽。除此之外，美国的霍华德·休斯研究基金会作为最大的私人捐赠成立的医学研究基金，并不受禁令的限制，也继续资助了汤姆森一笔不小的研究基金。正是这些不灭的星星之火，成就了日后的燎原之势。不得不说，在政界和舆论界普遍缺乏共识的情况下，科学界里总会有那么一群人坚持真理，不畏艰险，推动人类的进步。

科学的进步通常是独立于政治的，但是往往既受限于政治，又得益于政治，人胚胎干细胞的研究在这一点上彰显得极其充分。虽然布什政府禁止了这类研究，但是继后的贝拉克·奥巴马政府很快将其合法化，并鼓励开展，从而助推了该研究的蓬勃发展。有趣的是，阻力往往是发展的动力。正是由于布什的禁令，虽然有人可以剑走偏锋，但是还有一群人在想办法跳出这个怪圈，采用其他细胞取代胚胎干细胞，从而有了划时代的诱导性多能干细胞横空出世，我们将在下一章详细解说这一内容。

虽说对人胚胎干细胞研究的解禁开启了通往再生之梦的春天地铁，但是对于可能影响人类后代的操作还是需要慎之又慎，人类需要对于自身充满敬畏。正是有了这样的共识，针对人胚胎干细胞的后期研究基本局限在伦理认可的范围之内，尤其是以基础研究为主。然而，两件发生在中国的相关研究再一次将该问题推向了暴风眼。

2015 年 4 月 18 日，我国中山大学的黄军就首次在世界上公开发表对人胚胎干细胞进行基因编辑的论文，西方科学界一边倒的斥责声不绝于耳。但是，研究者采用的是被医院丢弃且含有多个精子的受精卵，在理论上该受精卵已经无法成功发育成婴儿，并不存在伦理道德问题，因此黄军就和他的团队也得到部分科学家的支持，尤其是我国学者，研究论文最终发表于我国学术期刊《蛋白质与细胞》。正如研究者本人在论文中讨论的那样，虽然此次编辑的对象是人胚胎干细胞中与地中海贫血相关的基因，这是一种在我国南方仍旧常见且可能致命的血液系统疾病，但是即使采用了最为先进的基因编辑技术，编辑的成功率还是无法做到百分之百。考虑到安全因素以及国际同行给予的压力，黄军就并未就此项研究继续深入下去。有趣的是，该事件被《自然》杂志评选为当年的十大科学事件，是褒是贬，明眼人一眼就能看出。也是在当年，国际上成立了人类基因编辑科学、医学和伦理委员会，并起草了首个人类基因编辑科学、伦理学和治理的报告，承认了人类胚胎基因编辑的可行性和限制性。并且很快，针对人胚胎干细胞进行基因编辑的报道不断涌出，似乎是雨后春笋，一发不可收拾。一边是嘘声不断，一边是我行我素，虽说如此，所有的研究也基本局限于体外的基础性科学探索，并没有伤筋动骨。所以科学研究有时在说不清楚的时候也是睁一只眼，闭一只眼。正是有了这样的放纵，并且监管跟不上前进的步伐，才会导致更大事件的发生。

2018 年 11 月 26 日，国际艾滋病日的前 5 天，南方科技大学的贺建奎突然通过媒体对外宣布，他和他的团队已经成功地针对人胚胎干细胞进行了基因编辑，修改了容易感染艾滋病毒的基因，并且将编辑后的细胞重新放置回母亲的子宫内，成功地诞生了世界首例经过基因编辑手段进行人为的、有目的改造后的人，而且还是一对双胞胎，名叫娜娜和露露。贺建奎宣称她们具有天然抵御艾滋病的能力。一时间，一石激起千层浪，全球哗然。在没有经过体外试验，社会、伦理、科学和法律远未达成共识的情况下，贺建奎和他的团队直接走向了人类自身遗传物质的编辑，而且这种变动导致的变化将从此融入整个人类的遗传库中，并具有永久延续下去的可能性。谁也不知道这对双胞胎将来会发生什么，也不知道她们的后代会发生什么。这到底是捍卫真理的少数人的创世之举，还是一种完全不负责任的哗众取宠之作，似乎又是一个只能交给时间来进行审判的事情。毕竟，孩子已经诞生，时间无法逆转。

这一次，全球政界、科学界、媒体和普通民众的讨论焦点又落在了人胚胎干细胞上。在他公布消息后的第二天，于香港召开的第二届国际人类基因组编辑峰会，几乎取消了原定的所有讨论议题和报告，就这一事件进行了全天候的讨论。只是，这一次并不是褒扬，而是讨伐。但贺建奎本人依旧表现得坚定而自信，并回应指责："为了她们，我们愿意接受指责"，以及"坚信伦理将站在我们这边"。即便如此，贺建奎还是因为违反人类伦理接受调查，限制活动，并最终锒铛入狱。两年后，我国也将针对人类胚胎的编辑后植入写入《刑法》，为规范这一方向的研究做出了国家法律层面的回应。

针对人类胚胎干细胞的研究，若是为了治疗疾病，那目的是无可厚非的，但是为了提高某种当前看似优良的性状，是否可以如同针对动物或植物的育种，针对人类种群进行改变，还是存在极大的争议。回顾贺建奎事件，至少存在3个科学上的问题：①科学伦理不完善，操作过程存在不合规的地方；②选择了错误的基因进行校正，虽说该基因是艾滋病病毒感染血细胞的重要受体基因，但是该基因的缺失同时会导致其他健康问题的产生；③采用的基因编辑技术尚不成熟，存在巨大风险和漏洞。基于这些问题的存在，对贺建奎的处罚并不为过。但是，随着伦理的完备、技术的成熟和监管的到位，我们有理由相信，对人胚胎干细胞进行改动，剔除那些绝对不良的基因，以降低出生缺陷率，理论上可能是人类发展的趋势。

相较于以上关于人胚胎干细胞的大事件，动物胚胎干细胞的研究和应用则顺利很多，且已产生了众多具有影响力的成果。其中，最为瞩目的贡献便是各类转基因动物的获得。科学家以小鼠胚胎干细胞作为研究对象，在其中插入了一段可以产生绿色荧光蛋白的基因，由此出生的小鼠在紫外光的照射下，可以发出绿色的光芒。此情此景，让我想起了电影《阿凡达》中的场景，无论是植物，还是动物，在幽幽的夜光下发出莹莹的光芒。而这只是小菜一碟，其真正的贡献在于，可以对胚胎干细胞中的任何基因进行改动，无论是增强，还是减弱这类基因的功能，科学家们都能做到，然后对出生后的动物，尤其是小鼠进行研究，模拟人类的多种疾病，从而为人类疾病研究提供了模型。美国杰克森实验室基于这一点，成为了全球最大的转基因动物基地，每年为全球数以万计的实验室提供服务。而所有这一切起始于一个博士后的无意之举，又是一个“有心栽花花不发，无心插柳柳成荫”的故事。

鲁道夫·贾尼施（Rudolf Jaenisch）于1942年出生于德国的一个医学世家，爷爷和父亲均是内科医生，因此，他在大学顺理成章地选择了医学专业。但是短暂地接触完解剖学和生理学课程后，他发现自己对这些一点兴趣也没有，而且上课很容易走神。这样下去可不是办法，为此，他必须改变自己。他决定一边上课，一边到马克斯·普朗克生化研究所学习实验。也是从这个时候开始，慢慢地，他发现自己的终身事业是开展科学实验，研究未知，而不是学习那些医学书本上的固有知识。此时，噬菌体作为现代分子生物学的重要研究工具，便成了他最早开始接触的实验对象。毕业之后，他决定到美国继续博士后训练，在联系了一圈可能的

导师之后，他选择了普林斯顿大学的阿诺德·莱文作为导师，主要原因在于莱文的研究背景也是噬菌体，并且涉及一些遗传学，尤其是关于病毒如何诱发肿瘤产生的研究，让他觉得十分有趣。他接收的第一个课题便是利用猿猴空泡病毒感染动物细胞，然后检测肿瘤产生与否。这是一个正儿八经的课题，因为肿瘤的产生主要发生在成年或者老年期，因此一般在这种年纪的动物体内注射病毒才是研究的正道，否则就是瞎胡闹。但是有一次导师到欧洲休假，好久不在实验室，让他自己自娱自乐，这下好了，“山中无老虎，猴子称大王”。他指挥实验室里还是研究生的“猴子猴孙”们，把这个病毒注射到了小鼠的胚胎里。根据他的想法，如果病毒注射在成体动物的局部，只能导致一种肿瘤的产生，如果在胚胎期感染，理论上每一个细胞都会变成肿瘤细胞，而结果却并不如他所料。作为一个刚刚出道的博士后，他的知识储存还是无法很好地让他理解得到的实验结果，此时，导师还在国外，他便找到了费城的发育生物学家明兹教授，寻求她的帮助。她给他的建议是，重复这些实验，先确认现象再讨论，否则是没有任何意义的。在她的帮助之下，贾尼施这一次先用病毒感染胚胎，然后把胚胎移植到另一个代孕小鼠体内，这样生出来的小鼠就完全是感染病毒的了。然而，老鼠还是没有产生任何肿瘤，实验结果再次不如预期，他陷入了每一个科学家常常遇到的僵局和死结。

此时，他有幸在加利福尼亚州索克研究所开始建立自己的独立研究课题组，新的环境总会带来新的思路。在新同事的建议下，采用所谓热方法，即放射性元素对病毒进行标记，就可以分析病毒的遗传物质是否进入了胚胎细胞的遗传物质里，据此可以分析实验失败的可能原因。经过多次的热方法实验，贾尼施这次可以百分之百地确定，病毒的遗传物质确实进入了胚胎细胞里，并且也出现在出生的小鼠细胞里。就这样，他在无意间构建了世界上第一个转基因动物，虽然此时他还是没有解决病毒和肿瘤之间的关系，没有搞清楚为什么这个病毒没有诱发肿瘤产生的问题。也正是这项不经意间的工作让他获奖无数，并开启了一个转基因功能时代。当然，在他的基础之上，后续的研究者们为了提高效率和精准度，不再将携带有不同性状基因的病毒直接注射到胚胎内，而是在培养瓶内对胚胎干细胞进行直接操作，然后将基因编辑后的胚胎干细胞移植到受孕动物体内，从而产生转基因鼠、转基因鱼和转基因猪等。

这些转基因动物的产生和获得，除了在基础科学研究上的应用，也可用于食用，也可用于疾病的治疗。最为知名的动物，当数2020年美国食品与药品监督管理局（FDA）批准上市的转基因猪。在再生医学领域，细胞生物学家想到的办法是利用干细胞进行治疗，对于其他的研究者，他们想到的办法便是直接采用器官移植的方法，替代失去功能的器官。然而，人类的器官供体远远少于需求者的数量，为此，能否采用动物器官进行移植也是一个古老的研究课题，如同早期将动物的血细胞输注到人体里一样。随着实验次数的增多，研究人员得出了两个结论，一是在目前已经检测的动物中，猪的器官和人类最为接近，无论是形态大小还是功能，二是动物器官移植给人失败的主要原因在于过敏反应。为此，研究者们便在这两个方向卯足了劲地研究，以猪胚胎干细胞作为研究对象，删除其中引起过敏反应的主要遗传物质半乳糖苷酶基因，这样产生的转基因猪，理论上其器官进行人移植不会引起严重的过敏反应。而这次获得美国FDA批准的猪就是由Revivocor公司研发的半乳糖安全猪，该猪的器官，比如心脏和肝脏可以用于心力衰竭患者或肝衰竭患者的器官移植，而其剩余的猪肉完全可以正常食用，简直就是一举两得的美事。当然，一切还有待进一步的临床试验和大规模的安全观察，才能最终确定这头转基因猪是否如我们所愿。比如，其中一个关键问题就是猪的体内含有动物源性的病毒，而这类病毒理论上是不会感染人类的，但是否会伴随器官移植进入人体而产生意想不到的疾病，也是亟需解决的问题。

在我国，中国科学院动物研究所的周琪院士团队正在开展人类胚胎干细胞治疗相关疾病的研究。目前，他们的主要思路是将胚胎干细胞变成多巴胺能神经祖细胞，再利用立体定位注射技术移植到帕金森病的病变脑区，在完成一系列前期的动物实验基础之上，他们已经开始向临床试验进军。2017 年，依托于郑州大学第一附属医院，他们已将四百万个细胞缓缓注射到帕金森患者的大脑，从而开启了首例全球临床治疗试验。至于最终的结果如何，是没有作用，还是延缓疾病，抑或是具有改善作用，让我们拭目以待吧。与此同时，国际上的其他国家基于人胚胎干细胞衍生出来的其他细胞，包括视网膜色素上皮细胞、胰岛细胞和间充质干细胞等，已在针对老年性黄斑变性、糖尿病以及骨关节炎等疾病中开展了临床试验。其中，美国哈佛大学的道格拉斯·梅尔顿（Douglas Melton）便是利用胚胎干细胞分化得到的胰岛细胞治疗糖尿病的领军人物。早先他是一位从事青蛙发育研究的人员，后来因为他的儿子罹患该疾病，长期遭受痛苦，才让他决定转向人胚胎干细胞研究，并坚定地认为这是治愈这一疾病的唯一希望。打从一开始，他就关注了汤姆森的工作，并从头到尾经历了这一领域的沉沉浮浮，心情也随之从心花怒放到心头紧缩，再到现在的心静如水。毕竟，每一项重大科学技术的发现到应用，总不会一帆风顺，少则几十年，多则上百年，都是非常正常的事。只要有了希望，无论道路如何坎坷，只要一步一步坚实地走下去，就有到达的一天。这种心情不单单是梅尔顿才有，也是很多默默无闻的科技工作者的写照。不以物喜，不以已悲，放在这里再合适不过了。

10 乘坐时光机器的细胞

正是鉴于多能干细胞具有如此诱人的应用前景，而胚胎干细胞又是如此地让人又爱又恨，人们不得不试图寻找其他的出路。否则，再生医学的大门只能在刚刚被推开一道缝隙之时，又被重重地关上，只见阳光透过，未曾见人影出入。

此时的美国加利福尼亚州旧金山市格拉德斯通心血管疾病研究所，有一位来自日本的博士后山中伸弥（Shinya Yamanaka），他的主要研究内容是弄清楚导师指派的一个蛋白质发挥作用的机制，这个蛋白质可以降低血脂含量，理论上具有预防动脉血管粥样硬化的功能。为了开展研究，他首先构建了一个转基因小鼠，试图研究编码这个蛋白的基因在被充分激活时小鼠的状态，预期的结果是这种小鼠会很难发生上述疾病。然而，这些转基因小鼠还没产生想观察到的现象，就都产生了肿瘤。很明显，这是一个极其糟糕的结果。虽然导师对他的实验结果也很失望，但还是鼓励他继续这个课题，搞清楚为什么这个基因会导致肿瘤发生。顺着这个线索，他又找到与这个基因关联的另一个基因。这时，需要他采用胚胎干细胞作为操作对象，对其中的靶基因进行删除处理，然后再产生转基因小鼠。但是他从来没有干细胞培养的经验，好在他所在的研究所人才济济，在所里其他课题组高手的帮助下，他迅速掌握了有关小鼠胚胎干细胞分离培养和遗传操作的一切技巧。正是从这时开始，他正式踏入干细胞领域，为日后胚胎干细胞的革命埋下了伏笔。但是没多久，为了照顾大女儿上学，他的妻子带着两个女儿回国，不得已在半年之后，他也收拾行囊从旧金山回到日本大阪。

大阪位于日本的中西部地区，人口数量在日本仅次于东京，离东京约400千米，三面环山，一面临水，四季分明，气候宜人，冬季温暖而少雪。往东驱车半个小时就能到奈良，往东北方向约30多千米便是京都。说来也巧，20世纪50年代，大阪和美国旧金山市建立了姐妹城市关系，似乎冥冥中注定在为山中伸弥牵线搭桥。山中伸弥于1962年9月4日出生在这个城市，父母经营着一家从祖父那里继承的小工厂，主要生产电锯机器的零部件。他的母亲在厂里负责运营和打点一切，而他的父亲则是当地一名小有名气的工程师，非常善于设计和制造新的产品，这对小时候的山中伸弥产生了潜移默化的影响，让他从小就喜欢捣鼓钟表和收音机，当然很多时候都是拆了却没法组装回去。因此，他从小的梦想是长大了也当一名工程师，上小学时便喜欢看科学杂志和上科学实验课，有一次差点因为打翻酒精灯而引起火灾，遭到母亲的一顿数落。上中学时，由于身材瘦弱，在他父亲的建议下，他开始练习柔道，希望能够增强体魄。柔道是一种源于中国武术却在日本发扬光大，两两相互较量的竞技性运动。因此，他不是遍体鳞伤，就是伤筋动骨，最后还是在他父亲的建议下，进入大学学了医学专业，并在不久之后就放弃了柔道。

25岁大学毕业后，如所有的医学毕业生一样，他在一家医院开始了自己的医生职业生涯第一站——实习医生。在这段时间，他经历了人生的大喜大悲，先是和自己初中就认识的女同学结婚，然后是长期遭受糖尿病和肝炎困扰的父亲离他而去。除此以外，他发现自己是一个笨手笨脚的外科医生，一个正常医生只需30分钟就能完成的手术，他通常需要花两个小时，因此，领导对他十分不满，这也让他丧失了从医的兴趣和信心。而最终让他放弃行医改做基础医学研究的助推剂，则来源于他自身对患者痛苦的怜悯和思考。一台手术也许可以拯救一个人，但是无法拯救更多的人，而基础研究的突破却可以从根本上帮助更多的人。就这样，他选择了继续攻读博士学位，从事药物学研究。博士期间的学习对他一生的科研生涯产生了重要影响，尤其是他的导师，教会了他如何阅读文献、设计实验、开展实验操作和分析数据。博士毕业后，他又顺水推舟来到美国旧金山的格拉德斯通心血管疾病研究所继续博士后研究，正如我们前文所说。

博士后工作结束，回到日本后，他在大阪城市大学的药学系谋得了一份助理教授的职位。好在贵人自有多助，博士后的老板允许他将在美国研究的转基因小鼠带回日本，而新单位的系主任并不限制他的研究方向，让他得以继续博士后期间没有完成的课题。这时，他发现之前所关注的基因丢失对小鼠是致命的，而原因在于它阻碍了胚胎干细胞的正常分化发育。因此，下一步便是研究胚胎干细胞如何维持它自身的特性。当时，胚胎干细胞的获得在日本也面临极大的挑战，并且需要很高的经费支持，而他所在的大学很难提供相应的条件，而且作为一个药学系，系里的老师多数从事具有临床转化前景的科研项目，他的研究过于基础，很少有人能够和他交流沟通并提供积极的建议，也让他倍感孤立无援。好在此时，奈良科技大学同意给他提供一个副教授的职位，并配套有一笔不菲的支持科研启动的经费。唯一不同的是，他需要帮忙管理一个动物实验中心，然而，正是这个看似累赘的职位，却成就了他日后改变再生医学领域的重大发现。

37 岁的山中伸弥终于搭建了自己的独立课题组，新的领导职位、较为充裕的研究经费，以及之前较为不错的研究成果，让他终于可以喘口气，开始做一些具有挑战性的研究了。为此，他找到了一位刚刚发表过不错的论文，至少在短期内不用为发表论文发愁的小伙子，来检测他那些古怪的想法。这个想法就是：既然胚胎干细胞如此重要，又很难获得，能否采用人造的方法获得胚胎干细胞呢？根据他的前期研究结果和他人已报道的结论，所有的细胞都具有相同的细胞核，细胞核内具有相同的遗传物质，决定每个细胞不同个性的关键因素在于表达的蛋白质不同。而他自己之前已经陆陆续续地确定了一些关键的蛋白质，如果将这些关键的蛋白质导入到成体细胞中，理论上就有可能推动这些细胞变成人人想要的胚胎干细胞。在干细胞领域，曾有一位老者瓦丁顿（Waddington）在 1957 年提出一个很形象的比方，细胞发育如同一个皮球从山顶往下滚，经过不同的分叉，流向不同的山脚，变成了不同类型和功能的细胞，如果把皮球从山脚推回到山顶，就可以使这些细胞重新获得再次往下滚的机会。当然，到目前为止，这些都是猜测、假想，没有人尝试过。而他现在要做的事情，就是验证这个假想的可能性。还有一点让他敢于尝试这个大胆想法的原因是此时整个国际的同行都在你争我赶地研究胚胎干细胞的分化，用现在的流行语来说就是严重内卷，如果他想脱颖而出，必须反其道而行之。

为了找到有效推动皮球滚上坡的动力因素，首先，他得搞清楚为什么胚胎干细胞具有多能特性，而其他的成体干细胞不具有这些特性，他们之间的差异在哪里，是否存在关键因素控制胚胎干细胞的特殊使命。而他要做的就是找到这些关键因素，发现它们之间的联系。正如侦探破案，当你介入一起团伙作案的案件时，很难一口气把这个团伙连根铲除，通常就是划定嫌疑人范围，一个一个排查，然后找到一个突破口，再顺藤摸瓜。虽然他自己前期的研究结果已经有了几个候选的因子，但是这些还远远不够。基于他和学生的脑力劳动，通过对别人发表的数据和已经公开的数据库中的数据进行归纳、比较和分析，他们很快锁定了100多个维持胚胎干细胞特性的关键“嫌疑人”，并最终确定了24个作为实际着手操作的因子。

好的研究总是需要好的想法，同时也需要善于利用周边的资源才能开花结果，不然想法永远只能是想法，如同镜花水月。作为一个实验动物研究中心，他们有各种各样的小鼠资源，其中有一个比较特殊的小鼠，是他进入新单位成功构建的第一个转基因小鼠，但是由于表型并没有达到预期的结果，所以基本算是一个失败的课题产生的一个无用的小鼠，因为具有纪念意义，所以他

一直没有舍得丢弃。此时，他脑海中一闪，想到了如何利用这只小鼠。鉴于这只小鼠中存在一个只在胚胎干细胞中特异性表达的基因，如果在这个基因后面再接上一段耐药的基因，在有杀伤性药物作用的条件下，一堆混合细胞中只有这种胚胎干细胞能够存活，而其他的细胞都会死掉，这是一个绝佳的筛选体系。说干就干，起先，他们将候选的 24 个基因一个一个地放入到起始细胞中，没有细胞能够在筛选药物的作用下活下来。后来，他们改进策略，开展了极其烦琐且正确的实验设计，将这些基因进行排列组合，一起放入到这批小鼠的体细胞中。正是基于这种看似无尽头、日复一日的重复实验中，他们第一次发现了形状非常类似于胚胎干细胞且可以存活下来的细胞。短暂的兴奋之后，便是一个科学家的思维使然。针对这一发现，山中伸弥和他的团队首先分析了导致这次实验成功的基因有哪些，然后再反复将这些基因放入到细胞中，再次进行重复。对于一个科学发现，无论是宏观的还是微观的，只有那些可被重复的结果才具有价值。而他们的反复重复验证了起初的发现，将产生作用的因子从早期候选的 24 个锁定在了起关键作用的 4 个。

2006 年，他们将这一结果发表了出去，并将人工诱导产生的胚胎干细胞称为诱导性多能干细胞，现在很多人将之简称为 iPS 细胞。山中伸弥并没有到处宣扬这一成果，但还是迅速引起了同行的兴趣和极大关注。伟大的发现，一旦展现出一丝一毫的曙光，就会掠夺众人的目光并竞争紧随其后的硕果。鉴于人造胚胎干细胞在小鼠细胞上获得了成功，那么下一步就是采用相同的策略，检测是否可以获得人造的人源胚胎干细胞。很快，他带领的小组和美国的贾尼施科研团队展开角逐，在第二年的同一天，同时报道了成功获得人源的人造胚胎干细胞。其实，早在他获得小鼠结果的当天，就开始为人的实验做准备。考虑到奈良条件的局限性，在2004年，晋升为教授的他搬到了当时全日本唯一一家会培养人胚胎干细胞的京都大学前沿医学科学研究所。值得骄傲的是，美国这一团队的第一完成人是一位毕业于北京大学，在贾尼施课题组攻读博士学位的华人女学生俞君英。紧接着，全球刮起了人造胚胎干细胞的研究旋风。在国内，中国科学院广州健康研究院的裴端卿团队率先证实了该研究的可重复性，中国科学院上海生命科学研究院的肖磊课题组第一个成功获得大鼠的诱导性多能干细胞，中国科学院北京动物研究所的周琪团队和上海交通大学的曾凡一教授合作，首次证明这些诱导的小鼠多能干细胞能够完全取代胚胎干细胞，发育成一个正常的小鼠。可以说，在那以后，全球开展干细胞研究的团队，十有八九都开展了人造胚胎干细胞的研究，有的研究机制，有的研究如何进一步应用。在这股强劲旋风的助推之下，很快，山中伸弥获得了2012年的诺贝尔生理学或医学奖，而和他一同获奖的牛人就是我们下一章要提到的英国人戈登爵士。中国也由此踏上了干细胞发展的快车道，不但在这个领域与国际同行并驾齐驱，而且在个别方向上已经处于领头羊的地位。

作为当之无愧的iPS之父，山中伸弥在政府的支持之下，在日本建立了iPS研究与应用中心，招募了众多的跟随者，和他一起试图将这个被推到山顶的细胞，再次按照人们的意愿滚向指定的山谷，而不是任其自由滚落，这样就可以控制细胞的走向，精准地获得我们想要的、可用于治疗的细胞类型，比如心肌细胞、神经细胞或者血细胞等。然而，历史的发展总是曲折前进的，科技的进步也是螺旋式上升的。iPS的获得虽然解决了多能干细胞来源的问题，但是如果要走向真正意义上的应用，尤其是针对不同疾病的治疗，还需要克服众多的问题。其中有3个关键的问题，分别是：①所有多能干细胞在从山顶向山脚滚的时候，如果收集细胞时不小心将尚未完全滚落到山脚，而是尚处于山坡或接近山顶的细胞也收集到一起，会不会产生安全性问题呢，比如胚胎干细胞的体内致瘤性？②如何才能精准地实现多能干细胞定向滚落，发育成我们想要的细胞，而且效率越高越好？③ iPS 来源的细胞如何才能移植到病灶部位，发挥治疗作用？当然，问题还有很多，这些都是目前科学家们亟需解决的问题大方向，具体到不同的细胞类型又会衍生出众多小的问题。

2017 年，山中伸弥和其研究伙伴报道了首例利用 iPS 来源的视网膜色素细胞治疗老年性黄斑变性。这种疾病主要发生在老年人身上，分为湿性和干性两种，前者主要由于产生过多血管所致，其发病人数远远多于由于萎缩导致的后者，并且随着病程的加剧，会诱发视网膜中色素上皮细胞不可逆的损伤，从而导致失明。传统的治疗方案，要么是给予药物抑制血管的增加，要么采用激光手术把多余的血管烧掉，但是这些方法都是治标不治本，损伤的细胞还是没有办法恢复。为了补充这些丢失的细胞，也有人做了尝试，比如直接从患者眼内分离细胞，培养扩增后再注射回去，但是这种有创伤的方法很难推广；其次，正如前面所说，当有了人胚胎干细胞之后，也有人利用这个细胞分化得到色素上皮细胞，然后进行移植性治疗，但问题是胚胎干细胞来源有限，在配型上存在局限性，很容易产生排异现象。因此，利用 iPS 来源的细胞进行治疗，可以说是很好的尝试和选择。

他们挑选了两位患者，一位是 77 岁的女性，双眼均发生病变；另一位是右眼发生病变的 68 岁男性。在伦理委员会审核通过以及患者签署知情同意书后，试验就正式开始了。作为临床一期的试验，首要目的是观察安全性，同时有条件地开展患者视觉改善

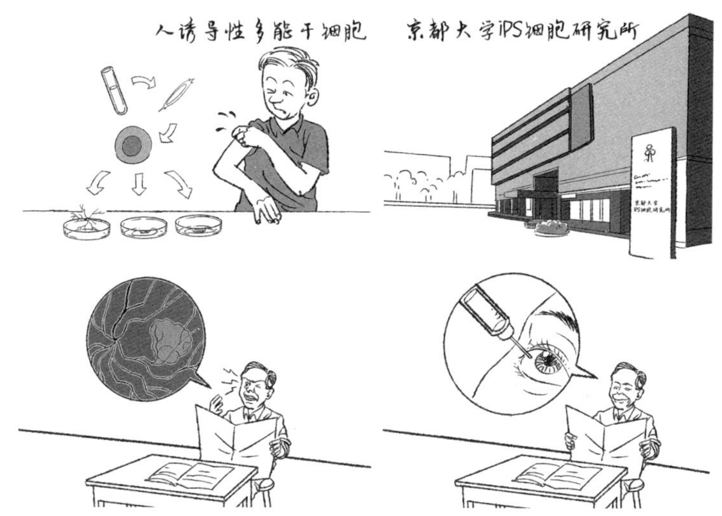

的观察。为了保证更好的安全性，首先采用没有涉及病毒的方法，将两位患者皮肤中分离得到的细胞分别变成 iPS 细胞，然后再将它们定向地分化为色素上皮细胞，并对这些生成的细胞进行各种指标的检测，以确保这些细胞没有发生恶性转变的倾向，以及具有正常的色素上皮细胞的功能。移植的方法并不是直接将分散的细胞采用注射方式，直接移植在损伤的眼球底部，而是将约十万个细胞种在一小块凝胶上，形成一块细胞膜，最终将这块薄膜黏附在眼球底部的病变部位，从而完成移植手术。两位患者从开始住院到完成移植手术，分别历经 13 个月和 4 个月。在治疗后的两年里，平均每隔两个月就对两人进行一次随访。随访结果表明，这种治疗方法具有极好的安全性，虽然没有发现患者的视力因此而出现显著的改善，但是至少延缓了病程，没有进一步恶化，这一切都揭示了该方法的巨大潜力。

iPS 的诞生使个体化的干细胞治疗成为可能，即可以生产出属于这个患者自身的 iPS 细胞。这样做的好处很明显，可以避免免疫排斥问题，但是缺点也是显著的，那就是治疗成本极高，很难作为将来的推广方式。为此，如同血库、脐血库和骨髓库的建立，国际上已经开始筹建 iPS 库。我国依托于国家重大研发计划的实施，分别在北京和上海成立了两个相关的细胞库。值得一提的是，作为人源 iPS 的首位华人造就者，我们之前提到的华人女学者也已回国，筹建了民营 iPS 库，并开展了 iPS 细胞来源的间充质干细胞、多巴胺能祖细胞和心肌细胞开发及相应适应证的治疗。可见无论是国际还是国内，国家层面还是私人公司，都已经瞄准 iPS 细胞，这必将加速其应用，在不久的将来诞生再生医学的硕果。

受 iPS 风暴的影响和启发，既然山脚的细胞可以被推回到山顶，那么一个山脚的细胞理论上也可以直接被推向另一个山脚，从而将一种类型的细胞直接变身为另一种类型的细胞，而不用吃力不讨好地先将细胞推回山顶，再任其滚落到山脚。基于这些疯狂想法，科学家们又开始夜以继日地尝试并展开竞争，努力成为第一个将不同类型的细胞从一个山脚推向另一个山脚的人。比如，收集尿液中的细胞，将其直接转变为神经类细胞或者可以再生为牙齿的牙髓干细胞；在皮肤中割取一点组织中的细胞，将其变身为血细胞或者心肌细胞。尤其是人造血细胞的获得如果得以成功，可以终结目前大力推广的献血做法，不但可以革新医疗手段，而且可以改变民生，影响国家政策。这些人造细胞的研究为再生医学的未来提供了无限的想象，而且这些想象不是幻想，而是真真切切可以通过我们现有的科学技术手段而达到，一切都只是时间问题。

如果说瓦丁顿是最早提出这个想法的人，那么第一个将这个想法付诸实施，并通过实验证明可行的人则是美国华盛顿大学的罗伯特·戴维斯（Robert Davis）等人。1987 年，他们发现通过一个基因的作用，就可以推动小鼠皮肤中的细胞翻过瓦丁顿模型中的山丘，从一个山谷直接滚向另一个山谷，进而变成肌肉中的细胞。为了验证这个基因的强大驱动能力，他们又在脂肪细胞和肾脏细胞中重复了这个实验，均可以把这些细胞从不同的山谷推到肌肉细胞所在营地的山谷。然而，这一研究结果在当时并未引起任何人的兴趣，文章的发表犹如一颗小石子被丢在河塘中，只是荡起了微微的涟漪，连一朵水花也没有溅起。而山中伸弥当时也确实读到了这篇文章并受这篇早期文章的启发，才有了他自己既疯狂又靠谱的尝试。在山中伸弥文章发表后的第 4 年，有人利用他发现的 4 个重要因子中的一个，推动皮肤细胞直接变成了血细胞，才让人们认识到这篇早期文章的价值和重要性。虽然戴维斯等人最后没有和山中伸弥共同获得诺贝尔生理学或医学奖，十分可惜，但是他们的开创性贡献还是十分值得肯定和令人欣赏的。获得诺贝尔奖是一种肯定，被后世认可和铭记是一种更大的肯定。

无论是把细胞推向山顶，还是从一个山谷推向另一个山谷，最终的目的都是为了应用于临床患者的治疗当中。在之前所有的研究中，为了给细胞施加推力，采取的方案都基本是借助病毒的帮忙，这样就为后期的安全性增加了风险。虽说我们已经在一定程度上对病毒进行了改造，并驯化了某一类病毒为我们所用，但是意外总会发生。俗话说：“狗急了还会跳墙，兔子急了也会咬人。”因此，为了提高安全性，同时降低生产这些细胞的成本，科学家们也在极尽所能地琢磨其他助推力，只有这样才能让普通百姓享受到最为前沿的医疗技术，而不是成为某些权贵和富豪的专享。正如埃隆·马斯克挑战火箭发射，将一次性的火箭改进成可回收火箭，极大地降低了成本，为未来人人享受太空旅行开辟了道路。在这个方向上，华人科学家做出了领先于国外的研究成果。他们采用化合物鸡尾酒法替代病毒法和基因法，具有安全性高、操作简便和成本低廉等优点，不但已经成功地把小鼠中的山谷细胞推到了山顶，得到了化学诱导性多能干细胞，而且在小鼠和人的体系中，成功地把皮肤细胞直接变成了神经细胞、心肌细胞和血细胞等。我们可以想象一下，在将来的某一天，等所有的技术成熟，如果一个白血病患者急需进行输血或者造血干细胞移植，这时只需从他的皮肤中收集一点细胞，然后丢进一个混有各种化合物的鸡尾酒培养瓶中，如同精灵魔法般，便能获得用于治疗的血液，这是一件多么神奇的事情。而这些并不是幻想，它们正在我们科学家的实验室里一点点地发生着，只不过普通人不知道罢了。

科学的实验容不得半点马虎，如果步子迈得太大，如同车子开得太快，就容易出事。为了寻求更为简洁的细胞命运转变的推动力，日本理化研究所的小保方晴子号称建立了一种酸处理的简易方法。根据她的报道，只要将待处理的细胞放置在酸性的培养液里浸泡，然后再采用挤压的方法，把每一个细胞挤一挤，这些细胞就能从山谷的位置回到山顶。听起来就神奇得不得了，不但方法简单，而且成本极低，几乎任何一个人，哪怕是种地的农民伯伯或者跳广场舞的阿姨都可以做得到。如果结果真如她所描绘的那样，对人类的贡献绝对是巨大的，然而没过几个月，欢笑声还没有退去，几乎全球从事这项研究的其他科学家都抱怨这种方法无法重复。在科学界，无法重复的研究是令人鄙视的。小保方晴子在巨大压力和重重监督之下，开始了重复实验，走上自我证明之路。然而，还没等结果出来，她的导师笹井芳树因不堪羞辱在实验室里悬梁自尽，而笹井芳树作为干细胞领域类器官技术的开创者，是非常有希望获得诺贝尔生理学或医学奖的。这便成了干细胞研究领域为数不多的丑闻之一，坊间称为“小保方晴子事件”。

既然细胞的命运可以打破自然发育的束缚，实现逆天改命，人们自然会想到，利用类似的技术能否实现人类的返老还童。无论是古代还是现代，无论是国内还是国外，返老还童或者长生不老一直都是人们梦寐以求的目标。在我国，公元前219年，秦始皇统一中国之后便开始寻求长生不老之术，为此，他曾两度派徐福和卢生二人，先后率领千名童男童女船队，前往渤海湾的蓬莱、方丈和瀛洲三座山，寻求长生不老药。结局当然是不如他所愿，不但他自己没有实现长寿，秦国也早早就灭亡了。2008年上映的美国电影《本杰明·巴顿奇事》描述了本杰明·巴顿的奇幻人生，他出生时就已80多岁，但是随着岁月的流逝，亲人和朋友逐渐老去，他却越来越年轻，从老人变成中年人，又从年轻小伙子变成婴儿，最后在苍老爱人的怀中去世。电影中描述的时光倒流故事当然是虚构的，但是人物本身却是有现实基础的。有一种疾病被称为早年衰老综合征，简称早老症。得了这种病的儿童，其变老的速度是正常人的5~10倍，即便在他们很小年纪的时候，便已呈现出一副老人的模样。不单单是长相，他们的身体器官也呈现出急剧的老化情形，因此，对于这些人来说，能够活到十几岁就已经算是长寿了。

今天，伴随着人类社会老龄化日益严重所带来的各种医疗负担和社会民生问题，健康衰老研究已经成为了一门科学的学科。当然，该研究的目的既不是像秦始皇一样，也不是和巴顿一样，而是为了延缓衰老，让很多本该在六七十岁就开始出现的各种疾病延迟到八九十岁才开始产生影响，这样的话，等到了六七十岁，我们看起来还是和三四十岁一样年轻和活跃。用一句时髦且科学的说法，应该是青春暂时永驻。稍早前的科学实验以猴子作为研究对象，长达20年的跟踪实验表明，限制饮食导致的代谢活动下降是一种潜在

且有效的延缓衰老的方法。除此以外，零零散散的研究发现多种天然产物，例如红酒中的白藜芦醇，不但具有加速细胞从山脚滚上山顶的能力，而且在小鼠和果蝇身上表现出了较好的抗衰老能力。西班牙裔科学家胡安·卡洛斯·伊兹皮苏亚·贝尔蒙特（Juan Carlos Izpisua Belmonte）是这个领域的积极探索者和开拓者。他利用遗传操作方法，获得了具有早老症的转基因小鼠，并在这种小鼠的体内精准地控制山中伸弥发现的 4 种关键因子的表达，发现这些小鼠的老龄化不但得到了遏制，而且早老的特征也出现了一定的逆转，除此以外，伴随衰老而来的各种组织器官损伤后再生能力的下降，也得到很好的弥补。以上种种研究为科学地抗衰老带来了继续前进的动力和方向。如果真的有一天，技术不再是壁垒，能够实现长生不老，带来的各种法律问题和伦理问题才最应该被讨论，伴随干细胞的魔咒将再一次响起，只不过这一次针对的不是胚胎干细胞，而是 iPS。

11 克隆源自细胞

“克隆”一词，是一个极具科幻色彩且非常令人着迷的字眼，电影《第五日》和《逃出克隆岛》等都是以克隆为背景展现出来的故事，并且成为了经典科幻影片。实际上，克隆一词的出现已经超越了半个世纪。对克隆的理解，最为简单且直白的解释就是一个能够变成两个，而且这两个完全一模一样。对人自身的克隆，目前来说依旧是一个梦想，虽然尚未实现，但是对细胞的克隆确是早已实现，并随着该技术的逐步成熟，对动物的克隆也在很多物种身上得以实现。其中最广为人知的动物便是克隆羊多莉，一篇发表在《自然》杂志上的短文，曾如同旋风一般席卷全球，这阵旋风刮过科学界，刮过农业界，刮过普通百姓，更刮过风马牛不相及的娱乐界。

在说多莉的故事之前，我们需要先了解一下约翰·戈登爵士（Sir John Gordon）在这一领域的开创性工作。戈登爵士是英国牛津大学的一位教授，同时也被英国女王授予了爵士荣誉。当然这是他成名以后的成绩，在此之前，他可是一位不折不扣的笨学生。他于 1933 年 10 月 2 日出生于英国南部的弗伦沙姆，这是一个遍布荒原和池塘的小村庄。虽然他的母亲出生于农民家庭，但是他的父亲却来自一个显赫家族，家族历史可以追溯到 12 世纪，很多家族成员都是政府和地方官员。但是到了他爷爷这代，已经家道沦落，连祖传的豪宅也住不起，并在第二次世界大战中被付诸一炬。他的父亲 16 岁辍学，在水稻经纪公司打杂当学徒，第一次世界大战时，作为志愿军参战并战绩卓著，退伍后在银行谋得一份文职直至退休。童年对于戈登来说，只有战火和民不聊生，节衣缩食是家里的常态，家族曾经的辉煌对他来说简直就是天方夜谭，就连香蕉和橘子是什么东西，他都不知道。也许正是这些因素，让他从小显得笨拙不堪。8 岁那年，在当地一所私立学校的入学智力测验中，考官让他画一个橘子，他却画了一棵树，因为在他的想象中，橘子肯定是长在树上，而不是悬在空中的吧。考官当场就把他的画给撕了，对他的父母说，你们的儿子有精神发育障碍，应该去上特殊学校，而不是这里。不得已，他只能上了另一所学校，好在这所学校管理不严，他非常放飞自我，整天沉迷于对昆虫和植物的观察以及收集各种昆虫的卵和幼虫，并因此成为他一生的爱好，哪怕是在功成名就之后。但学习对少年的戈登来说，永远不是一件轻松的事，无论是在情商方面，还是在智商方面。13 岁时，他转学到了另一所学校寄宿，但是常常受到高年级师兄的欺负，为了躲避他们，他选了一个不需要技巧，只要蛮力，没多少人玩的网球运动打发时间。除此以外，在学校的科学选修课和生物学课程学习中，他更是表现得一塌糊涂，常常在全年级 250 人当中垫底。他的生物学老师曾给他的父母写过一份成绩报告，对他的评价只能说最差，没有更差。报告中写道："这简直是灾难性的半学期。他的学习成绩远远达不到令人满意的程度，让他准备的东西完全糟透了，多份测试的试卷也被撕掉了，最好的一次成绩也只有 2 分，满分却是 50 分。他的其他作业也是十分糟糕，而且很多次都惹了一身麻烦，主要原因还是在于他不听劝，固执己见。我知道他将来想成为科学家，但是就目前的情况来看，这是非常可笑的，如果他连简单的生物学常识也不懂的话，他将来是不会有任何机会从事这方面研究的。这简直就是在浪费时间，不单单是他的时间，还有我们老师的时间。”这张小纸条，戈登保存至今，并安放在他日常工作的办公桌上。然而，这些还不是全部，在他考大学那年，他由于成绩太差而落榜，好在家人通过一圈运作，让他有机会作为预科生进入牛津大学，但前提是要重修小学级别的物理、化学和生物学课程，然后再参加一次测验。幸好这次他通过了考试，终于进入了牛津大学，并成为动物学专业的一名大学生。把爱好当成专业来学习，对任何人来说都是再开心不过的事情了，对戈登来说也不例外。因此，在他大学毕业之际，他想继续考一个动物学博士。为此，他整天拿个捕虫网在学校的灌木丛里转悠，并且居然让他捕到了一个英国从未出现过的昆虫新物种，但即便如此，他的昆虫学博士入学申请还是被拒绝了。好在他总会有那么一丝“狗屎运”，在每一个关键时刻总能度过难关。这一次，发育生物学家迈克尔·菲施贝格教授为他递来了一根橄榄枝。

也许是戈登的心比较大，也许是他有着超越同龄人的自尊心，总之，戈登在日后的学习和工作中还是选择了以基础科学研究作为自己一生的事业。在他科学生涯的早期，当时的研究热潮是动物早期发育的观察，但即便是牛津大学这样赫赫有名的机构，也没有太多的研究经费和研究设备，戈登作为一个初出茅庐的小伙子，自然好不到哪里去，他的所有研究设备只有一台显微镜。跟现在的科研机构比起来，简直小巫见大巫，因为现代生物学实验室中，显微镜已经是最最基本的设备，简直可以忽略不计。与之相比，只有电子显微镜、双光子显微镜、多色流式细胞仪、质谱仪、单细胞测序仪、多功能高通量药物筛选仪等，才算得上是科学设备。然而，生活必须继续，科学必须继续，总不能没有了金刚钻，就真的不揽瓷器活。如果有股子劲，人总是可以在没有条件的情况下创造条件。对戈登来说，就是利用这样简单的一台显微镜开始了他的伟大科学历程。

遵循发育的基本原理，细胞在从早期的胚胎干细胞发育成成体细胞以后，普遍被认为丢失了胚胎干细胞的特性，这是当时理所当然的共识，不然怎么能体现两者之间的区别呢。从专业一点的角度来说，虽然每个细胞里都有一个包含遗传物质的细胞核，但是胚胎期的细胞和成体期的细胞之间，包含遗传物质的细胞核是有显著区别的，前者具有发育成一个完整个体的能力，而后者只能发挥它自身所在局部组织的功能。为了挑战这个所谓权威共识，很多人试图采用实验来进行反驳。最简单的实验就是将成体细胞中的细胞核移植到去除细胞核的卵细胞中，看看这些新形成的细胞能否正常发育。然而，很多人的实验均以失败告终。但是，戈登却不信邪，而且他也确实没什么事情可做，也不会做其他的实验，于是，他改进了其他人已经做过的实验。他琢磨到，既然发育晚期的成体细胞的细胞核不行，能不能选择发育上靠近胚胎干细胞的细胞核呢？不能一口吃个胖子嘛，如果后者可行，再逐步过渡到更难点的成体细胞。饭要一口一口地吃，路要一步一步地走。正是基于这些想法，从简单开始，戈登将一只青蛙发育较早期的细胞核，通过自制的吸管吸到去了核的卵中。就这样不经意的改进，实验成功了。戈登的实验很快被世界上的同行验证，从而改写了人们对发育和细胞全能性的认识。此后，随着技术的成熟和条件的改进，戈登也实现了青蛙成熟肠细胞来源的细胞核的成功移植。

在 20 世纪上半叶的科学界，国外的研究可谓如火如荼，国内却处于水深火热之中，战火纷飞，民不聊生。即便如此，在国际科学舞台上也不乏中国人的身影。彼时，童第周就在欧洲比利时的布鲁塞尔大学跟随他的导师学习细胞核移植实验，在显微镜下，日复一日地将青蛙卵子外面的薄膜剥掉，并尝试移植细胞核，技术娴熟到了炉火纯青的地步。与戈登的境遇不同，童第周被他的老师认为是天才，具有一个从事生物学实验人员所必备的天赋。回国后，童第周在其夫人叶毓芬的支持下，继续开展紧随国际前沿的两栖动物核移植实验。但是当时的国内科研条件极其艰苦，显微镜是开展实验必不可少的设备，为此他在旧货市场上淘了一件二手的设备，可惜价格太高，即便和老板讨价还价，还是需要他两年的工资才能凑足，最后找亲戚借钱才得以搞定。有了显微镜，没有稳定的光源也是无济于事。为了进行观察，他只能利用太阳光，在没有阳光的日子，要么用煤油灯，要么就用下雪天皑皑白雪反射的亮光作为光源。就这样有条件要上，没条件创造条件也要上的情况下，他从国内自身条件出发，以文昌鱼的细胞作为研究对象，首次在国际上实现了鱼类的核移植。作为国内克隆技术的开创者，童第周也因此被称为“中国克隆之父”，他夫人与他被尊称为中国的居里夫妇。

童第周和戈登的境遇有一点还是比较相像的，那就是小时候的学习。他于 1902 年 5 月 28 日出生在浙江鄞县东乡童家岙村的一个农民家庭，小时候随父亲在私塾学习，还在少不更事的年纪，父亲去世，他靠兄长抚养长大。16 岁时，童第周考入宁波师范学校，一年后转入宁波效实中学学习。然而第一年，他就考了全班倒数第一，为此，他暗下决心，一定要争口气，在第二年便把成绩提了上来，成了正数第一，自此以后便成了别人父母口中的别人家小孩，成绩一直名列前茅。中学毕业一年后，他分别参加了北京大学和东南大学的入学考试，可惜都落榜，只能在复旦大学做了特别旁听生，21 岁那年最终考入复旦大学哲学系。然而，一次偶然机会下，他听了郭任远关于猫和老鼠实验的讲座后，便对科学产生了兴趣，经常去旁听生理学课程，自此走上了生物学研究的道路。

核移植技术的科研理论思路很简单，但其背后隐藏的实际应用价值却是深远的。在离英国剑桥约 500 千米的爱丁堡附近的罗斯林研究所，有一个研究员伊恩·维尔穆特（Ian Wilmut），在戈登首次报道两栖动物克隆成功 30 年之后，实现了对哺乳动物克隆的创举。而他们两人的出发点却完全不同，前者是仰望星空的结果，后者却是为了五斗米而折腰的不得已而为之。维尔穆特于 1944 年 7 月 7 日出生于英国沃里克的汉普顿露西镇，从中学到大学，他一直都是一个普普通通的学生，虽然 27 岁就获得了剑桥大学博士学位，但是他的梦想是成为一个农民。毕业后，当他第一次来到罗斯林山丘，便决定在这里建立自己的实验室，因为他喜欢这里的生活，冬天虽然寒冷而漫长，但是可以悠闲地喝着威士忌，晚上可以看看星空，数数星星。然而，这样的好日子并没有持续多久，很快就因英国政府大幅缩减科研经费而到头了，研究所的支持基金缩水 2/3。他和所里其他员工终于明白科研不仅仅是为了仰望星空，而是必须转化成货真价实的技术成果并赚钱，有了更多的经费资助，才能谈理想。

此时，他接到了所里指派的一个研究项目，利用遗传操作技术获得一种转基因羊，让这种羊能够生产出可作为药物治疗肺囊性纤维化的特殊蛋白质。经过数月的努力，他终于获得了一只这样的绵羊并取名为特雷西。通过收集这只绵羊的血液，可以纯化分离出这种特殊的药用蛋白质。但是，只有一只绵羊显然是不足以进行大规模工业化生产的，因此，研究所和提供经费支持的公司便希望维尔穆特能够生产出更多这样的绵羊。然而，说起来容易，做起来难。为了这一只特雷西，他已经对 1000 个绵羊胚胎进行了遗传操作，只有这一只成功，而且还是偶然成功。如果要再扩大生产，别说几百几十只了，几只都是难事。而此时，国际上关于胚胎干细胞的研究已经开始浮出水面，尤其是小鼠胚胎干细胞的成功分离和建立让他想到了分离绵羊的胚胎干细胞，如果能够成功，只要扩增特雷西的胚胎干细胞，就能获得更多的特雷西。但事实证明，这样的努力也是极其困难的，虽然他能够成功分离绵羊的胚胎干细胞，但是根本无法在体外维持这些细胞。很快，这些细胞就不受控制地分化成其他细胞，丢失了原有的特性。事实上，直到今天也没有人能够建立绵羊的胚胎干细胞，因此，他风趣地将其归因为绵羊是最柔弱的动物之一。因为在英国牧羊人口中有一句俗语，绵羊一生的大部分日子都在寻思着新的死法，所以它们的细胞自然也好不到哪里去。

转机出现在 1987 年的冬天，他在参加国际胚胎移植学会的年会时，了解到有一个丹麦同行成功地从一头母牛胚胎中获得了发育早期但不是胚胎干细胞的细胞，并将其注入到卵细胞中，获得了一个持续发育多天的胚胎。这个消息极大地震撼了他，关于 20 年前戈登的工作犹如电影般在脑海中播放着。根据他们的成功经验，选取早期发育的细胞进行核移植实验，有可能如同两栖动物一样，获得哺乳动物克隆的成功。因为此时美国同行对牛克隆的接连失败，研究所领导并不看好他的这个研究方案，并且认为他已经远远地落在了这个领域的起跑线上。好在这时，他碰到了重要的合作伙伴基思·坎贝尔（Keith Campbell）。坎贝尔是一个不修边幅、喜欢沉思、留着长发的发育生物学家，早年在也门和苏塞克斯等地方兜兜转转，研究爪蟾。在他们二人的讨论中，坎贝尔从自己的研究经验出发，提出了一个新颖的想法，认为为了实现核移植的成功，最好能够让提供细胞核的细胞和去核的卵子处于同一个细胞周期。所谓细胞周期，就是细胞内部犹如绳子般的遗传物质周期性地松散和紧密缠绕，从而伴随细胞一分为二的过程。如果让两个细胞处于同一个细胞周期阶段，犹如两个人跳芭蕾舞，只有相互一致，才能实现完美的和谐。带着他的建议，维尔穆特先是尝试了未分化期的羊细胞进行核移植，在尝试 244 个胚胎后，成功得到了 2 只威尔士山羊羊羔，分别取名为梅根和莫拉格。紧接着，他又带领团队采用相同的方案，对发育上更为成熟的绵羊乳腺细胞进行了核移植实验。这一次，从 277 个核移植细胞中挑选了 29 个胚胎，移入到代孕母羊体内，其中一只顺利临产，就是一开始提到的多莉。这个具有纪念意义的一天是 1996 年 7 月 5 日，离戈登的克隆蛙诞生已经过去了近 30 年。

如果有人是含着金钥匙诞生的，那么多莉便是绵羊界乃至整个动物界里的贵族，自它诞生之日起便一直生活在媒体的聚光灯之下，它的一举一动无不吸引普罗大众的眼球。《自然》杂志很早就和维尔穆特的团队联系，希望将他们的研究结果第一时间发布在该杂志上，但是相关论文还没到正式发表那天，消息就已经不胫而走。各家媒体、电视台、报纸和杂志的人员开着车，举着长枪短炮将农场和研究所围了个水泄不通。从此，多莉从英国走向欧洲和全球，家喻户晓。虽然普通民众对其中的意义并不理解，但是鉴于科学家的肯定，全球媒体的渲染，人们不禁开始了跟风性的狂欢。风风火火地走完数个春秋，多莉并没有和正常的绵羊一样活上 10 年或更久，它历尽沧桑，罹患癌症和严重关节炎等多种疾病，出生六年后，于 2003 年情人节去世。“自古红颜多薄命”，看来对美丽的多莉来说也不例外。作为人类历史上第一个诞生的克隆哺乳动物，其意义无疑是巨大的，在此之后，陆陆续续有了克隆牛、克隆马、克隆狗等的诞生，而且已经有公司开始为那些有经济实力又有情结的人们提供克隆宠物的服务。前两年，中国科学院神经科学研究所利用高效的核移植技术获得了克隆猴，分别命名为中中和华华。

在多莉的缔造者中，显然维尔穆特是一个组织者的身份，而坎贝尔则负责了整个生物理论框架的搭建。由于对哺乳动物克隆

技术首创归属者的执念，他们日后一直处于相互争吵和不和之中，一个完美的研究团队最后分崩离析，不禁让人嘘唏不已。这项成果本该荣获诺贝尔生理学或医学奖，却由于争议不断而搁浅，令人惋惜。

有了动物细胞的克隆，下一步便是人细胞的克隆。在这一方向最早渴望实现的人是韩国的黄禹锡（Woo Suk Hwang），但渴望终究是渴望，利用核移植技术实现人细胞的克隆犹如黄粱一梦。黄禹锡于 1952 年出生于韩国忠清南道，离首尔市驱车需要 3 个小时，父亲在其 5 岁时便去世，由母亲一人拉扯 5 个子女长大，由于家境贫寒，能够解决温饱已经实属不易。对这样的家庭来说，牛是家里的重要成员。在我国古代，牛同样是重要家畜，作为重要农耕劳动力，不得随意屠宰，否则会受到官府的惩处。作为家里的放牛娃，每日必不可少的喂牛和打扫牛圈让年少的他和牛之间建立了深厚的感情，因此，成为一名兽医成为了他年少时的梦想。怀揣梦想，他顺利考入韩国首尔大学医学院，成为兽医学院的一名大学生。如同我国高考，能够在韩国异常激烈的升学考试中考入韩国最好的大学，是相当不易的。在韩国获得动物繁殖学博士学位之后，他在日本北海道大学做了短暂的访问，并从那里开始接触胚胎及其发育，从此步入克隆领域。回国后，时年 41 岁的他先后获得了体外受精产生的第一头试管牛，两年后成功促使一个牛的受精卵一分为二，发育为两头孪生的牛，又两年后，仿效维尔穆特的核移植技术，成功得到了韩国第一头克隆牛，并获得了媒体的广泛报道。

一系列的成功让黄禹锡信心爆棚，开始尝试对人细胞的克隆。除此以外，长时间的一线实验操作让他能够熟练地利用夹子固定卵细胞，然后利用玻璃吸管去除其中的细胞核，再注入其他细胞的细胞核。由于技术纯熟，他不但成为实验室里其他工作人员的偶像，在成名之后，也成为民众口中津津乐道的人物，而他通常谦虚地将其归功于韩国人使用金属筷子的习惯。以上这些都是保证核移植成功率的重要基础，因为人卵不像动物一样，可以任意且无限制地获得。2004 年，《科学》杂志报道了他和他的团队成功建立了世界上首个人细胞克隆的细胞株，这不但让他成为了科学界的焦点，更让他成为了韩国的英雄。总统亲自为他颁发了国家最高荣誉奖，为他配备了专门的保镖，无论出现在韩国哪里，他都已不是早年的那个兽医学家，而是十足的明星，哪怕是在餐馆吃饭，也会有粉丝寻求他的签名和合影。不但如此，政府为他提供了无限的经费支持，任何只要是他想要开展的研究项目，都可以随意开展，这在其他任何国家都是不可想象的事情。而政府为了在国际上树立科技强国的形象，确实需要树立一个正面的典型，而他正好在这个时间赶上了，一时间成为爱国主义的象征，对普通民众来说已然是民族骄傲。但是，剧情很快出现了反转，根据核移植的开展及成功的概率计算，哪怕是 1% 的成功率，对于这项技术来说，尤其是人细胞的克隆，已经是很高的概率。因此，为了拿到一个成功的人克隆细胞，也需要几百个人卵细胞，也就意味着需要成百上千个女性参与其中。这可不是一个小数目，尤其处在美国针对人胚胎干细胞研究的限制时期。持续地对人卵细胞来源的调查和团队内部人员以及合作者的不断举报，让事情的真相渐渐地浮出了水面。不但卵细胞的获得有违伦理，而且根本没有所谓人克隆细胞的产生，他呈现给别人的细胞都是体外条件下精子和卵子正常受精后发育获得的人胚胎干细胞。大厦的建立往往需要数年乃至数十年的时间，但是倒塌只需要瞬间。谎言和欺骗终究掩盖不了真相，随着总统的自杀，一切来自科学界和政治界的荣誉骤然褪去，黄禹锡也走下神坛，从英雄回归平民。

如今，细胞克隆技术已经相对成熟，但是也并不是涵盖所有的动物，虽然理论上并不存在难点，但是由于经济利益的捆绑，研究和应用也多数局限于具有经济价值的动物。虽然如此，人们最为感兴趣也最为担心的克隆，仍旧是对自身的克隆。出于伦理的限制，在科学界和政治界并没有出现过公开报道的人类克隆。技术的发展已经日渐娴熟，克隆已经不再局限于核移植技术的发展，iPS的产生已经使克隆走向了平民化，所需的材料唾手可得，在足够的资金支持下，是否有非法的团体和机构已经开展了人类克隆，需要全社会的关注和监督。

12 精子和卵子相遇记

牛郎织女鹊桥相会的传说是我国民间传说之一，描述的故事是传说中天帝的女儿织女非常擅长织布，然而，她只知道辛勤劳作，却不会打扮自己，天帝怜悯，准许她到人间逛逛。这一逛便认识了河边的牵牛郎，二人成婚后，织女便一心相夫教子，荒废了织布手艺。为此惹怒天帝，把她带回天上，每年只允许她和牛郎在农历七月初七这天相见一次，而他们相见的桥就是由飞来的喜鹊用身体搭建起来的。因此，中国的农历七月初七也被称为东方情人节。这个传说也从另一面向我们展示了，对普通人来说再普通不过的爱情，对有些人来说是那么的遥不可及。

人类历史上挑战宗教学说的科学众若繁星，其中，细胞领域首当其冲的科学技术便是体外受精。顾名思义，区别于传统意义

上精子和卵子在雌性的子宫内相互结合，即受精，从而进一步发育为胎儿直至出生；体外受精则是采用人工的手段，让精子和卵子在实验室的培养瓶内进行受精，再将受精卵移植到雌性体内，开始正常的发育。由于该技术的发明主要是针对那些不能通过传统生育手段获得后代的患者，因此在技术出现之初，便遭到激烈的反对，其主要思想便是有违自然规律，更有甚者，将其诞生的婴儿比作潘多拉的后代。由此可见人们对该技术的担心和恐惧。然而，经过近半个世纪的实践和规范，人们已经完完全全接受了该技术在医学上的应用，为无数的家庭带来了希望和欢声笑语。

说起精子和卵子，可以说这两种细胞是所有细胞中功能和形态都极为另类的细胞。对于卵子，它形成于母亲的卵巢当中，成熟后从卵巢中排出，来到输卵管。精子更是形态上极其古怪的细胞，它拥有一个大大的脑袋和一根长长的尾巴，大家最为熟知的比方就是蝌蚪，只是后者的尾巴左右摆动，推动小蝌蚪往前游，而精子的尾巴则是螺旋桨一般地转动，推动精子快速地向前游。我们从小学的语文课本中知道了小蝌蚪找妈妈的故事，而精子一旦从爸爸的体内来到妈妈的体内，则是一刻不停地开始寻找卵子。有趣的是，通常情况下，每一次只有一颗卵子在那里待着，而精子则会有上亿个，所以为了获得卵子的青睐，所有的精子必须拼了命地往前冲，一旦第一个精子找到了卵子并且进入卵子后，其他的精子便只能“望洋兴叹”，无奈死去。这便是发生在体内的受精故事，正是基于这样的受精，才有了人类的繁衍和生生不息。

然而，体外受精的成功却非如此简单，它的实现主要归功于罗伯特·杰弗里·爱德华兹(Robert Geoffrey Edwards)一生的努力。爱德华兹于 1925 年 9 月 27 日出生于英国巴特利约克郡的一个磨坊小镇，其母亲虽说是镇上一个磨坊的普通机械女工，但是对 3

个孩子却管教严格，她认为只有认真读书才能出人头地，并且只要有机会就带他们到周边的农场玩耍，也因此造就了他从小就树立起来的热爱自然和不屈不挠的性格，并且受益终身。18 岁时，他本应到了上大学的年纪，但是由于第二次世界大战爆发，他被迫服兵役，在部队一待就是 4 年。退役之后，他才到威尔士大学攻读农学本科学位，但是课还没上几节，他就开始感到索然无味，想转到动物学系学习。但是对于已 26 岁的他来说，一是没有足够的生活费允许他继续在学校一直晃悠下去，二是新的系没法修满足够学分让他按时毕业。为此，他又转学来到爱丁堡大学，一边学习，一边打工，并且在这里认识了他的真爱露丝·福勒，婚后共育有 5 个女儿。而福勒的显赫家庭背景让她身边不乏各种头衔的达官显贵，以及各个领域著名的学者，如分离出同位素和放射性物质，荣获诺贝尔化学奖的科学家等，这些既让他深感荣幸，也同时让他倍感压力。

爱丁堡对于爱德华兹来说是一个福地。大学毕业之后，他获得瓦丁顿的赏识及奖学金支持，得以继续攻读 3 年的博士学位，跟随艾伦·贝蒂研究小鼠的早期发育。从这时起，他开始接触卵子、精子和胚胎，并为此奉献了一生。研究生期间的研究和知识储备为其日后的工作奠定了基础，其中有两点至关重要，一是推翻了成年雌性动物不能过多排卵的认识，二是卵子的发育和成熟离不开激素的作用。在爱丁堡的 6 年时光里，他不但成绩斐然，发表了高达 30 篇学术论文，而且开始涉足伦理学领域。如果他继续在这个方向努力的话，改变历史的体外受精技术也许会早点出现，但是命运似乎永远不如人们安排的那样，因此才有了命运弄人一说。

此后一段时间，爱德华兹来到美国加州理工学院，跟随阿尔伯特·泰勒开始研究精子和卵子的相互作用以及其中的免疫学机制。他们的研究主要来自福特和洛克菲勒基金会等的资助，其目标可不是为了提高生育，而是为了从免疫学的角度找到一种控制受精过程的方法，从而达到避孕目的。回国后的4年中，他在国家医学研究所继续这个方向的研究，虽然还算硕果累累，但是对早期关于卵子和受精的研究还是念念不忘。因此，他白天研究如何避孕，晚上研究如何受精。

此时的国际同行在受精与发育领域已经取得了突飞猛进的进展，他意识到他之前关于小鼠受精的工作有可能应用到人的身上，为此，他的研究重心开始完全转向受精。尤其是当他发现，无论是小鼠、大鼠还是仓鼠的卵子在体外均可以自发地成熟，完全等同于其在体内的发育过程，他更是觉得如果人的卵细胞也是这样，那么就有可能在体外实现人工授精。然而，对一个从事基础科学研究的人来说，要想拿到人的卵子绝非易事。好在通过所里一位资深教授的引荐，他得以认识离所不远的埃奇韦尔总医院的妇产科医生莫利·罗斯，在他的帮助下，在后续的10年里，爱德华兹断断续续地拿到了足够开展实验的卵子。但是，好景不长，还没等到他完全开展人的实验，消息就传到所长的耳朵里，并在一些人的煽风点火下，他被严重警告，禁止在所里从事人的体外受精研究。

不得已，他只能离开原先的研究所，接受约翰·保罗邀请，来到格拉斯哥大学研究兔子的胚胎发育，并据说成功分离得到了兔胚胎干细胞，而这个时间要远远早于埃文斯关于小鼠胚胎干细胞分离的报道。一年之后，他又来到剑桥大学，从而得以继续之前的研究。为了快速推进研究，他几乎收集到了周边大大小小动物的卵子，包括猪、狗、羊、猴等，并且再次验证了之前的发现，卵子在体外可以自发成熟，只是动物个体越大，其卵子成熟的速度稍微慢些而已。在继续对人的研究时出现了问题，首先，他没有稳定的人卵细胞来源，其次，精液中的精子没有受精能力，需要在女性体内获能后才具有受精能力。为了解决第一个问题，他联系了在美国开小差时认识的朋友，间接地获得了一些卵细胞，勉强够用；除此之外，他还在英国范围内广撒网，寻求并得到了好几位外科医生的帮忙。为了解决第二个问题，他认识了对于他来说最为重要的人生合作伙伴，来自曼彻斯特奥尔德姆总医院的帕特里克・斯托普妥（Patrick Steptoe）。斯托普妥是一名妇产科医生，他的独门绝技便是腹腔镜手术，能够让他几乎在无创的条件下从女性体内取得已经获能的精子。在这些努力之下，他终于在 1969 年成功地实现并报道了首例体外条件下的人类卵子和精子的受精。

通常情况下，有了较好的研究成果就可以申请基金的资助，开展下一步的研究，这是顺理成章的事情。但是，当他们二人申请英国医学研究理事会的基金时，却出乎意料没有获得资助。因为他们对受精的研究，尤其是人的体外受精，主要解决的问题是针对那些不孕不育的家庭，而在当时，这不但不是一个值得解决的临床科学疾病，反而会加剧当时人口过多问题。除此以外，针对人的研究，经过第二次世界大战洗礼的人们自然联想到了德国纳粹的医学人体实验，因此当时有一种自发排斥人类细胞实验的潜规则，公众更是将其比作人类小豚鼠实验。在此之后的七八年中，出于科研的需求，爱德华兹一方面需要反复往返于剑桥和曼彻斯特之间，两地间隔 200 多千米，在当时的交通工具下，一来一回需要 12 个小时；另一方面，他花费了大量时间跟普通民众、媒体和同行进行解说和辩论。

基于他们二人的不懈努力，1978 年 7 月 25 日，通过体外受精技术，人类史上首位试管婴儿诞生。事实上，体外受精操作和受精卵的体外早期发育均是在培养皿而非试管内完成的，前者更多地应用于细胞生物学实验，后者更多地是应用于化学实验，只是媒体的错误宣传，才导致了“试管婴儿”一词的人尽皆知。经过多年的观察，试管婴儿和正常出生的婴儿并没有任何差异，只是体外受精的成功率尚未做到百分之百。即便如此，时至今日，全球累计诞生的试管婴儿已达数百万之众。作为试管婴儿之父，专业一点的称呼是辅助生殖技术之父，爱德华兹终于在 2012 年获得诺贝尔生理学或医学奖的认可。不幸的是，斯托普妥已于 1987 年去世，否则的话，这枚奖章应该也有他的一半。

然而，正如本节开头所说，体外受精技术的横空出世和试管婴儿的诞生，起初不但没有给爱德华兹带来任何荣誉，反而受到了来自宗教界和普通民众的各种打压和嘘声。

体外受精技术的诞生和成熟又进一步催生了生殖领域其他技术的发展，广为人知的名词包括捐献精子、冻存卵子和人工代孕。

那么这些名词都是什么意思，背后又有哪些故事呢？

对于成年男性来说，每天都会产生大量的精子，而成熟的精子要么会精满自溢，要么会自我消亡，因此，如果像献血一样把精子捐献出去，对人体是没有伤害的。那么捐献精子的意义在哪里呢？主要是为那些先天存在精子缺陷，或者后天产生的精子活力下降导致的无法正常受精的家庭男性提供第三方精子服务。因此，我们的社会依托于医院成立了大大小小的精子库。但并不是所有人都有资格进行捐献精子，那些具有先天遗传性疾病和后天罹患恶性疾病的人群，还有那些不爱运动、整天宅在房间的宅男们还是不要去凑热闹了。当然，所有的捐献信息都是保密的，因为捐献精子不同于献血，捐精会产生后代，而且从生物学的角度来说，捐献者就是孩子生物学上的父亲。如果没有隐私保护的话，势必会引起不必要的社会混乱，如在精子库建立早期出现的诺贝尔奖获得者精子、博士精子以及名人精子等各种乱象。除了捐献精子，对于那些从事高危工作，比如长期接触放射性物质、有毒物质和化学试剂或暂时无法进行生育的男性，可以事先冻存自己的精子，以备将来想要生育时使用。

虽然说当今精子库的建立因体外受精技术成熟而兴起，同时也主要服务于体外受精。但是最早进行精子冻存的尝试和精子库的建立却可以追溯到一二百年前。1776 年，意大利人拉扎罗 · 斯帕拉捷（Lazaro Spallanzani）发现，利用冰雪冻存精子能够短暂地保持其活性，当然这种所谓冻存的尝试更像是对细胞活性的维持，不单单适用于精子，也适用于其他细胞。真正提出精子冻存概念的人则是蒙特加扎（Montegazza），他于 1866 年提出这一概念，其目的主要在于为那些前往战场作战的士兵提供服务，万一他们阵亡，他们的遗孀能够利用丈夫事先冻存的精子延续香火。20 世纪 30 至 40 年代，随着细胞冻存技术的成熟，精子的冻存才真正意义上地开始实施。国际上第一个利用冷冻精子成功获得妊娠的报道发生在 1953 年，但随之而来的伦理争议以及法律规范的匮乏导致精子冻存一度陷入冰封，直至 1963 年才得到认可，从而使精子库走入大众视野。我国第一个人类精子库的建立是在 1981 年，由卢广琇教授牵头建立，于 1983 年成功诞生国内第一位由冷冻精子授精的婴儿。

相较于精子冻存，卵子的保存通常是那些推迟生育的女性为自己提供的增值性服务，因此，一般来说，她们不是疾病患者，也不能称为捐献卵子。由于女性的生理周期原因，最佳的生育年龄是二三十岁，然而，随着男女平等观念的深入人心，更多的女性进入职场，伴随各种职称晋升和事业发展的需要，她们往往错过了最佳生育年龄，但是卵子的质量会随着年龄的增加而逐年下降。因此，为了在将来继续享受较为安全且健康的生育，很多女性会选择在年轻时冻存自己的卵子，以备万一。如果在网上进行简单的搜索，就会发现很多知名人物都曾为自己冻存过卵子。当然，也有些女性由于肿瘤等疾病需要进行涉及卵巢的放射性治疗以及卵巢和输卵管切除等，在治疗前，她们将自己的卵子进行冻存，也是为将来的正常生育做准备。

关于精子和卵子的冻存，并不是如同我们日常生活中将食物直接放进 4℃或 -20℃的冰箱即可。为了达到长期冻存的目的，且对冻存的精子和卵子尽可能地不产生伤害，需要在准备冻存的精子和卵子溶液中添加一定的保护剂，例如甘油或二甲亚砜，至于为什么是这些化学物质，主要在于防止液体迅速冷冻后产生冰晶，伤害细胞的微观结构。紧接着，分别经过 4℃、-20℃和 -80℃的梯度降温，最后将这些细胞放置于温度可降至 -196℃的液氮之中。经过以上操作，细胞在其中想待多少年就待多少年，如果哪天需要，将其取出来直接放置于 37℃的温水中，便可以复苏并进行使用啦。细胞在这样的冻存过程中是真正意义上的冻龄，时间对它们来说已经没有概念了，无论是几年还是几十年后，苏醒时的细胞状态和冻存时几乎一模一样。

除了精子冻存和卵子冻存，对基于体外受精和体内受精产生的胚胎进行冻存，也是目前在辅助生殖领域内广泛采取的一种方式。自 1983 年全球首例冻融胚胎移植的新生儿诞生以来，该技术在生育力保存中的应用似乎渐渐超越了前面两者的应用。但是伴随技术的成熟，冻存胚胎带来了更多的法律问题和社会问题。2013 年，在江苏宜兴，发生了我国首例冷冻胚胎归属权的纠纷案，并引起社会的广泛讨论。在这次案件中，一对年轻的夫妻由于生育问题在南京市鼓楼医院通过辅助生殖获得了多枚受精胚胎，并冻存了其中 4 枚，但在移植前一天，夫妻二人均因车祸逝世，由此引发之前冻存胚胎的归属问题，是属于鼓楼医院，还是夫妻双方的父母。如果按照之前签订的知情同意书，理应属于医院，但是如果从伦理和亲情角度出发，则应属于亲人所有，法院最终的判决则倾向于后者。而这个问题也只是我国冻存胚胎现象呈现的冰山一角，更多的问题要么尚未浮出水面，要么尚无法定论。比如，现今的胚胎冻存中心已经出现了大量剩余胚胎，属于长期不用和冻存人失去联系的状况，比例高达50%以上，从而导致这些冻存胚胎消耗了大量医疗资源，而对于其未来命运，是废弃还是捐献科研，均面临法律挑战和监管等系列问题。

人工辅助生殖技术的发展在给无数不孕不育家庭带来幸福的同时，不可避免地产生了一些法律和伦理问题，正如上面所讨论的一样，但是随着制度的健全，基本可以消除该技术带来的各种负面问题，从而引导其积极且正面地发展。但是由此产生的人工代孕却是一个无论从技术层面来说，还是从社会层面来说都是极其棘手的问题。

人工代孕主要指在体外实现人工授精后，并不是将受精卵移植到卵子的供应者子宫内，而是将其移植到其他女性的体内，并由其他女性完成妊娠直至婴儿诞生。这与我国古代所谓的借腹生子还是存在本质区别的，后者主要是夫妻中的男性与第三方女性发生性关系，通过自然受孕方式来生子。而现代的人工代孕更像是简单的租用子宫而已，最早记录始于20世纪70年代的美国，一对夫妻通过匿名广告形式寻得一位代孕女性，通过签订事前合约和人工授精的方式获得孩子。在我国，代孕被明令禁止。它会带来一系列棘手的问题，包括法律、伦理、健康，乃至社会问题。比如说，代孕涉及不孕夫妇、代理孕妇三个人，孩子的亲生父母将难以定义，有人认为分娩者为母，有人认为提供胚胎的夫妇为父母。

如果说代孕会带来多位母亲的问题，人工辅助生殖技术中最新出现的线粒体移植技术更是将这个问题推向了一个新的浪潮，由这个技术诞生的婴儿具有一个生物学上的父亲和两个遗传学上的母亲，因此又称为“三父母婴儿”。为什么会出现这种情况呢？我们在之前的第 3 章中已经介绍了线粒体，它不仅具有细胞发动机的功能，还有一个特点，就是含有遗传物质。一旦这些遗传物质发生异常，和细胞核中的遗传物质一样，也会遗传给后代，从而导致先天性的出生缺陷。2019 年，来自希腊的一对夫妻非常渴望拥有自己的孩子，可是女方的卵子质量太差，导致自然受孕以及体外受精均以失败告终。最终的解决方案是，将卵子的细胞核移植到另一名女性提供的去了细胞核的卵子中，再以这个进行了核移植后的新卵细胞与父亲的精子进行体外受精，最后将受精卵植入到母亲子宫，并成功诞生了一名婴儿。而这个婴儿的每一个细胞内既有父母的遗传物质，也有来自供卵女性细胞中的线粒体所携带的遗传物质，因此他是名副其实的有两个妈一个爸，即三父母婴儿。虽然奇怪，但是他并不孤单，在他之前，2016 年的墨西哥，一位具有线粒体遗传疾病的母亲也是采用了类似的手段诞生了一名健康的男婴。当然，每一项新技术的诞生，尤其是针对人类自身时，总会伴随争议，三父母婴儿的诞生也不例外。但是我们相信，只要我们遵循造福他人的理念，就一定能在一条正确且经得起历史考验的大道上一直走下去，哪怕是短暂的黑暗。

13 细胞治疗的医学革命

提到细胞治疗，大多数人了解到的信息应该都来自媒体，尤其是自媒体泛滥的时代，在铺天盖地的宣传中，究其内容，最多的字眼就是干细胞。事实上，能够用于治疗的细胞远远不局限于干细胞，还包括血细胞、免疫细胞等。为了说清楚细胞治疗的来龙去脉，本节我们将会带领大家领略细胞治疗的历史和最新的进展，以及哪些是真正的细胞治疗，哪些又是在忽悠人。

事实上，早在几个世纪以前，人们就开始尝试通过细胞移植来达到治疗的目的。其中，血液系统作为最易着手的系统，当失血过多时，最早的想法和技术就是输注其他动物的血液。但是，鉴于当时的科学认识和发展，人们并没有认识到细胞的免疫排斥，也没有了解感染等问题，导致了很多贻笑大方的历史悲剧。无论怎么说，这些都是人们对细胞治疗的美好尝试，虽然起初并不能得偿所愿。

近一个世纪以来，尤其是伴随两次世界大战的发生，众多受伤人员的救治需求在一定程度上加快了医学的发展。其中，输血便得益于这一时期的巨大需求，从而逐步完善和成熟。从早期的全血输注，到明确血液中的细胞成分及其功能，进行成分输血，即有针对性地输注红细胞、血小板或血浆，从而达到较为精准的治疗目的，这样做不但具有更好的治疗效果，也在很大程度上减少了对血液的浪费。即便如此，时至今日，临床上对血液的需求仍旧供不应求，无论是哪种类型的血制品。

说完输血，不得不提骨髓移植，严格意义上来说，应该称为造血干细胞移植。因为骨髓移植中发挥最重要作用的细胞是造血干细胞，而且现今逐步取代骨髓移植的脐血移植的主要细胞组分也当数造血干细胞。因此，如果说当今排名第一的干细胞治疗，非造血干细胞莫属。它不但是最早应用于治疗的干细胞，也是目前最为成熟的干细胞治疗种子细胞。而且，造血干细胞移植不仅对白血病等血液系统的恶性疾病和镰状细胞贫血等非恶性疾病有着显著的治疗效果，在其他系统的遗传性和非遗传性疾病治疗中也展现出了喜人的效果，并且应用范围一再被拓宽，老树开花可能说的就是这个意思吧。

除此以外，血细胞中可应用于治疗的细胞，这两年风头无两的细胞当数免疫细胞，尤其是针对肿瘤细胞进行治疗，被人工改造后的T细胞，这种T细胞被称为嵌合T细胞。T细胞免疫治疗技术的涌现，使原本无药可救的多种癌症发生了根本性的逆转，它不仅仅是简单地延长患者几个月或者几年的生存期，甚至可以做到完全治愈，而这在之前是无法想象和奢望的。其实，在该技术出现之前，自20世纪50年代开始，人们已经意识到了免疫细胞在治疗癌症中的作用，但是，当时的技术手段主要集中在将体内的免疫细胞拿出来，在体外条件下，一方面将细胞扩增，另一方面对其进行刺激，让其从睡眠状态清醒过来，然后再将这些细胞注入患者体内，达到治疗目的。理论上这是一套十分可行的治疗策略，只是缺乏有效的精准度，以及针对肿瘤细胞的杀伤力不够强劲而已。此外，由于监管的缺失，免疫细胞疗法引发了多起医疗事故，尤其是魏则西事件作为一个导火索，直接导致国内免疫细胞疗法沉寂多年。

糖尿病是一种影响全球三亿多人的慢性疾病，通过合理的干预，虽不致命，但严重影响日常生活，已然成为一个公共卫生问题。糖尿病的主要发病机制之一在于胰腺内胰岛 β 细胞的减少，从而进一步导致胰岛素分泌减少所引起的血糖升高，所以补充胰岛素是目前的主流治疗手段。在这一点上，不得不提 1965 年 9 月 17 日，我国在世界上首次用人工方法合成了牛胰岛素，这是被誉为我国最早、最接近诺贝尔生理学或医学奖级的自然科学成果，但是限于参与这项工作的人员众多，而诺贝尔生理学或医学奖的颁奖原则是每一个成果不能超过 3 个人，导致人工合成胰岛素在走向诺贝尔生理学或医学奖的路上“流产”。但无论如何，这是一项值得国人骄傲的成绩，尤其是在那个缺衣少食的年代，老一辈的科学家还能做出世界一流的科研成果，非常令人敬佩。但是，直接补充胰岛素的缺点在于需要时刻监测血糖和反复注射，因此，寻求更好的解决方案和治疗方法，不光光是内分泌专业人士，也是再生医学领域研究人员孜孜追求的目标。

如果能够在根源上补充分泌胰岛素的胰岛 β 细胞，那么就可以达到根本性的治愈。其中，人胰岛细胞移植是一个不错的选择，虽然面临着复杂的移植后免疫排斥问题，但最为主要的问题还是人胰岛细胞来源的短缺，往往来自 3 个供体的细胞量才够 1 个患者移植使用。因此，采用猪的胰岛细胞已然成为了一种备选方案。除此以外，采用从其他类型细胞转变而来的胰岛 β 细胞进行胰岛细胞的移植性治疗，有望在将来彻底解决糖尿病患者的痛楚。胚胎干细胞领域的发展，其中最为关键的一个助推力就是众多科学家从中看到了治愈糖尿病的希望，尤其是梅尔顿。但是鉴于胚胎干细胞或后来诞生的 iPS 细胞分化为胰岛细胞的研发过程尚不成熟，且安全性无法做到百分之百的保证，因此，这一方向的应用还有待时日。如果从体外直接补充胰岛细胞存在这样或那样的困难，那么在体内条件下，直接将胰腺内其他不能分泌胰岛素的细胞，比如胰岛 α 细胞、腺泡细胞和导管上皮细胞等转变成胰岛 β 细胞，理论上也具有良好的治疗效果，从这一点出发，目前也已经研发出了多款化学药物和多种基因治疗方法。

我国是世界上肝癌和乙肝患者最多的国家，而这类疾病往往导致肝硬化以及肝功能衰竭，肝移植是目前终末期肝病患者几乎唯一有效的辅助治疗手段，但是极其有限的供体来源极大地限制了肝移植的实施，从而导致众多肝病患者只能面临等死的结局。在这种强烈的需求之下，人工肝便应运而生，这是一种类似于呼吸机辅助呼吸的肝功能体外支持系统，可以短暂地维持患者的肝功能。然而，该装置最为重要的元件，即肝细胞的来源，却是一个长期困扰的难题。由于肝细胞本身无法在体外培养条件下得到有效的扩增，因此，为了填充人工肝装置，早期的解决方案是利用猪肝脏来源的细胞或者肝癌患者来源的肝癌细胞作为替代细胞。虽然，这些方法肯定会伴随安全问题以及功能不全等问题。为了解决肝细胞的来源问题，中国科学院上海生命科学研究院的惠利健研究组，于2011年率先在国际上利用之前提到的推动细胞从一个山脚滚向另一个山脚的技术，将小鼠皮肤细胞变成了肝细胞。在此之后，通过不断的改进和优化研究方案，他们又成功将人的皮肤细胞编程为肝细胞。通过与南京大学附属鼓楼医院的临床团队合作，他们证明了基于这些人造肝细胞所搭建的人工肝装置，对于那些本来只能活上3天的肝衰竭猪，可将其存活率提高80%。在大动物实验成功的基础之上，他们进一步开展了临床试验，成功救助了一位肝衰竭患者的生命，并且使患者的肝功能在治疗后恢复到了正常水平。这是一名60岁的女性患者，已有40多年的乙肝病史，长期有尿黄、皮肤黄和眼睛黄等症状，并且在后期出现了肝硬化和肝衰竭，在没有肝源可以移植的情况下，采用前沿的细胞治疗方案，她终于从“鬼门关”转了一圈又回来了。

复杂的人工肝装置取得了一定疗效，但是离完全的临床应用还有很长的一段路要走。因此，研究人员还在研发另一种较为简易的肝细胞植入方式，采用物理或化学合成材料将肝细胞包裹起来，防止细胞流散，但是允许细胞的分泌物自由流通，从而达到治疗效果。这种细胞封装技术从理论提出到现在，已经历时半个多世纪的发展，可以有效阻挡外界免疫细胞和抗体等的攻击，从而保证胶囊内细胞的安全并发挥正常功能。目前，研究人员不仅仅在肝衰竭中进行了细胞封装后治疗的尝试，更是在刚刚提到的糖尿病治疗中取得了喜人的结果。

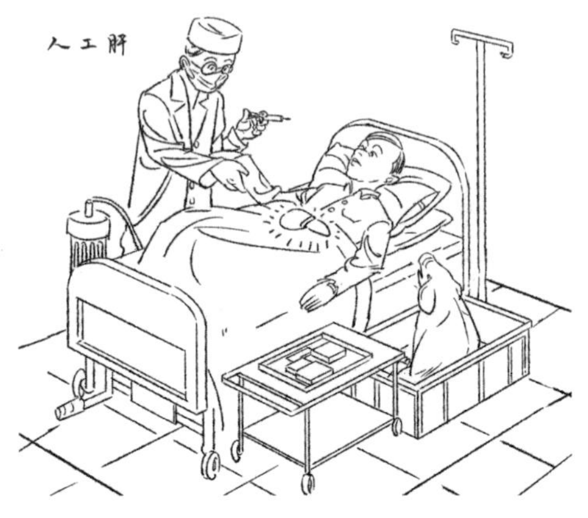

2015 年 6 月，德国波鸿鲁尔大学附属儿童医院的烧伤中心迎来了一位 7 岁的特殊患儿。这名儿童罹患大疱性表皮松解症，因此，自打出生那天起，身体各处皮肤就会不明原因地出现各种大大小小的水泡，尤其是在胳膊、腿部、背部和身体两侧。在入院前半年，由于细菌感染，他的病情急剧恶化，全身约 60% 的皮肤几乎已经脱落。如果再不进行治疗，任由其发展的话，会导致严重的感染，从而危及生命。然而，采用已有的常规治疗和护理手段根本无法缓解他的病情，更别说治疗和治愈了。在这危急的时刻，主治医生经过和其家人的讨论和协商，决定采用尚未正式进入临床应用的细胞治疗方案。这种完全创新的治疗方案，只有在情非得已的情况下，才可以作为同情性治疗方案应用于患者，也是目前国际医疗界认可的一种方式，只是对于患者和家属来说，未知因素太多，风险也很大。经过医院伦理委员会审核和患者家属签署知情同意书之后，拯救操作算是正式拉开了序幕。在患者住院 3 个月后，研究人员从他左侧腹股沟没有起泡的位置截取了

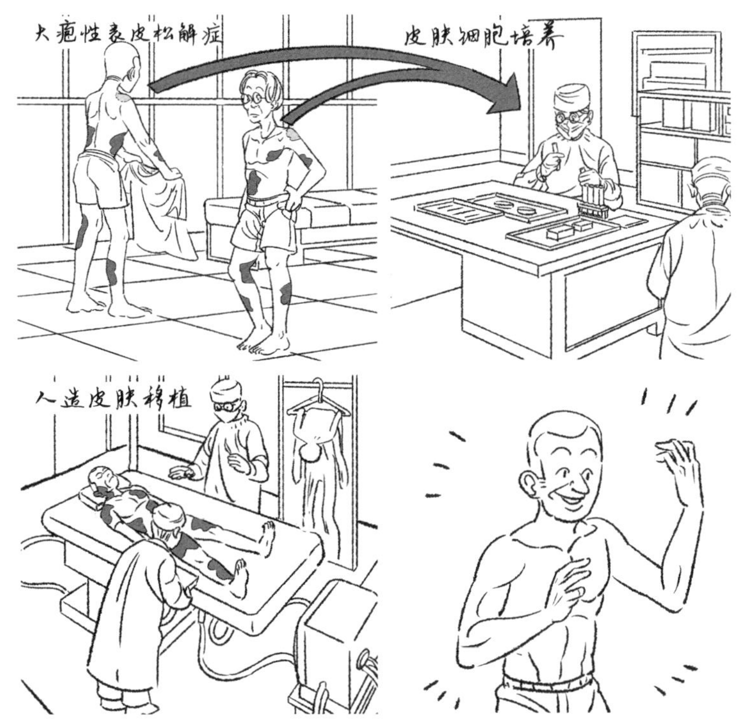

一块大小为4平方厘米的皮肤，通过消化、分离步骤获得了其中的角质细胞，并进行体外培养和扩增。在获得足够数量的细胞之后，采用两种立体培养方案，一种是基于血管分离得到的基质，另一种是基于纤维蛋白基质，分别获得不同类型的角质细胞薄膜，总面积达到0.85平方米，是起始皮肤面积的两千多倍。在准备细胞和人造皮肤的这段时间，患者又有约20%的表皮失去皮肤的覆盖。为了一步步检测人造皮肤的安全性和有效性，研究人员先对患者的左胳膊进行了尝试性治疗，在进行人造皮肤覆盖后的1个月，损伤部位的皮肤不但稳定没有退化，而且出现了一定程度的再生。紧接着，研究人员便陆陆续续地对患者的双腿、喉部、右手和肩膀等处进行了人造皮肤的移植。2016年1月，在完成了全部的手术之后，患者全身脱落的皮肤均已被人造皮肤覆盖，而且没有再出现起泡、发痒等情况，也不再需要继续涂抹软膏等保护性治疗。从住院到离院，仅仅只用了半年时间，一个几乎不治之症，采用细胞治疗方法完全阻断了病情的恶化，对于医学的发展来说简直就是一个奇迹，对于患者来说更是生活的转折。在此后长达 21 个月的随访中，这些人造皮肤依旧完整地贴伏在身体上，完全像正常皮肤一样，保护这名儿童免受外界感染。

对于皮肤出现的问题，如果不是如上面所说的大面积损伤，而是小打小闹导致的局部小面积伤痛，则没有必要采用刚才提到的方法，否则显得“高射炮打蚊子——大材小用”。对于常见皮肤问题的处理，大家经常接触的药品和日用品就能解决，最为常见的方式便是喷洒，例如被蚊子叮了一口后喷点花露水，或扭伤后喷点云南白药等。那么，如果缺了一小块皮肤，能否也喷点细胞，达到加速治疗的目的呢？事实上，已经有公司开始研发这类产品，利用喷壶将内皮细胞或表皮细胞直接喷洒在损伤的皮肤处，只是目前由于细胞活力低下等原因，仍旧停留在研发阶段和动物实验上。但是作为一种便捷且极具诱惑力的治疗方式，它一定会伴随市场需求的增加而逐渐成熟起来，并最终走向广大消费者，相信将来的某一天，会在路边的药品便利店里发现这类细胞喷洒产品，到时可千万不要惊讶哦。

血管是人体中最为重要的器官之一，不但延伸着心脏的功能，也为血液在体内提供了安身立命的场所。伴随年龄的增长和不良饮食习惯的累加，血液中的胆固醇和钙等成分在动脉壁内聚集，导致动脉粥样硬化斑块形成，从而危及血管所在器官或组织的功能。由此引发的疾病中，最为常见且致命的疾病有心肌梗死和脑梗死等。对于心肌梗死的治疗，除了放入心脏支架，达到扩张血管的目的，还可以进行心脏冠状动脉搭桥手术，即在病变的部位增加一根外来的血管，以增加血液供应。在早期的治疗中，主要是从患者身体的其他部位（如腿部等），截取一段静脉血管进行移植性治疗，但是这样做总会对原有部位造成损伤。为此，如果能够利用人工合成的血管进行替代治疗，那是再好不过的事了。

但是不要小看一根细小的血管，它的组成结构和韧性还是较为复杂的，从里到外包括好几层，分别有内侧与血液直接接触的内皮细胞层、中间的基质层和由平滑肌细胞等组成的外层。为了模拟这些结构，早期主要采用天然材料或人工合成材料，比如蚕丝或化学合成的生物亲和材料，利用静电纺丝等技术，直接缠绕成一根类似血管的空心管状结构。这是一种非常类似于纺织行业织布的技术，因此在我国以纺织专业闻名的东华大学在这一领域也颇有成就。这些人造血管虽然具有血管的外形，但是研究人员在体内实验中发现，它很难长期发挥功能，而且缺乏韧性，容易塌缩。如今，为了更好地模拟天然血管，可以采用先前合成的血管支架，或者采用动物体内分离得到的血管，进行脱细胞处理，保留血管中的基质，形成一个天然血管支架，然后在其中种植人源的内皮细胞以及平滑肌细胞等，从而获得一根真正的血管。目前，这类新型的人造血管已经全面进入多种血管类疾病的临床试验中，相信在不久后的几年中，一定能够走向市场，造福大众。

正是一个又一个令人激动不已的成功案例的报道，才激起了人们对细胞治疗技术的无限遐想，作为传统手术治疗和药物治疗之外的第三代治疗技术，完全有理由相信，细胞治疗方兴未艾，一定会在不久的将来大放异彩。然而，技术的发展均存在两面性，对于新兴技术的发展，人们仍需保持谨慎的态度，切不可由于赶时髦而做出后悔不已的决定。前几年就有报道，国内一群富豪集体到俄罗斯注射胚胎干细胞，希望能够返老还童。岂不知，虽然细胞可以做到返老还童，但是目前人类本身几乎不可能做到，如果将返老还童的胚胎干细胞注射到人体，不但不能起到积极效果，反而会导致严重的肿瘤发生，得不偿失。

针对不同疾病的治疗，光是选对了细胞，那也只是完成了一半。作为临床应用的细胞产品，它的生产要求要远远高于之前提到的实验室里的细胞培养，细胞质量在细胞治疗中发挥的作用可以说是重中之重。从细胞厂房到使用的各种器械、材料、培养液及添加剂等，都需要严格遵循规范，否则的话，即便是使用了正确的细胞，也绝对不能应用于患者的治疗。其中，厂房建设和细胞生产员的操作必须严格遵循既有生产规范，必须对每一瓶细胞的培养和每一管细胞的冻存进行每日记录，做到可溯源，国家监管部门也会对细胞生产机构进行不定期的飞行检查。与细胞直接进行接触的各种材料，例如培养瓶、离心管、吸管等，也都必须是来自工商管理部门认证的品牌，从而杜绝违规产品所带来的各种化学和物理污染。对于培养液及辅助成分，最为关键的点在于杜绝各类动物来源的添加物质，尤其是在细胞基础研究中最为常用的胎牛血清是万万不能使用的，一是为了防止免疫排斥反应，二是为了防止疯牛病的传播。为了做到这一点，常常需要采用的培养方案便是无血清培养，即采用各种明确的人工合成因子替代血清，而对于那些无法采用血清替代物进行培养的细胞，可以收集患者的外周血，分离得到富血小板的血浆，作为营养添加物。趁着这些培养扩增后的细胞新鲜，如果能够马上进行治疗性移植，那是最好，如果条件不允许，需要进行暂时冻存的话，也是非常讲究的。不同于传统冻存时添加二甲亚砜等化学试剂进行保护，为了防止这类化学试剂对人产生不良反应，往往需要摸索条件，采用其他更为安全的保护试剂。除此以外，需要对所有冻存和进行治疗前的细胞进行内毒素及支原体等污染物的检测，否则这些污染物会在移植后导致人体产生严重的不良反应。当一切都准备妥当之后，无论是冷冻后苏醒的细胞，还是刚刚生产后的合格细胞，都需要在第一时间内进行移植，它们最多也只能在 4℃的冰箱里储存几个或十几个小时，时间太久的话，这些本来还是合格的细胞就会变成死细胞，一点用处也没有了，如果不做特别检测，从外观上根本看不出来。因此，如果你看到一个人拿了一袋或一管细胞，在手里玩弄了半天，还号称是给人进行治疗的细胞产品，那细胞早就失活了，可千万别上当了。

对于细胞治疗，有个非常形象的比方。人体好比一辆汽车，车由不同的零部件组成，人由不同的组织器官构成，汽车坏了可以去 4S 店更换零部件进行维修，人的身体坏了，将来也可以使用细胞或细胞与支架材料形成的组织或器官进行修补和替换，而这些可以替换的材料就如同商品一样，摆放在货架上，随时供人使用，即全新的货架式细胞产品，称为“人体 4S 店”。这个比方虽然过于超前，但是基于当前细胞治疗的发展速度，这在不久的将来是完全可以实现的，至少也是部分可以实现。除了这类商场上的商品服务形式，还有一种农场式的服务也极其令人期待，那就是对动物，尤其是猪，进行人源化改造，让动物体内的细胞或者组织器官适合于人体，而不会产生排异反应和病毒跨物种传播等，这便是异种移植的魅力。当然，作为未来的修复模式，汽车行业一直在探寻损伤材料的自我修复能力，比如汽车表面油漆出现了划痕，或者某处钢管出现了裂纹，根本不需要进行人为干预，它们会自行恢复和愈合。人体的组织或器官本身就会有细胞增殖、细胞迁移、细胞命运变化等生理活动，这些也为人体的自我修复提供了可能，也将会是未来细胞治疗的重要模式。

14 细胞治疗与基因编辑的联姻

后天获得性疾病的治疗，往往采用单纯的细胞移植就可以达到治疗甚至治愈的效果，但是对先天的遗传性疾病的治疗，仅仅采用上述的细胞治疗方法，通常并不有效。鉴于遗传性疾病的病根主要在于细胞内遗传物质的改变，因此，为了进行有效干预，必须对这些发生异常改变的遗传物质进行操作，包括删除或纠正出错的部分以及补充丢失的部分。而针对遗传基因的操作，主要依赖于基因编辑技术，有人将其比作上帝的剪刀手。

为了更好地理解对遗传物质的编辑，我们需要先认识遗传物质。我国有一句俗语：龙生龙，凤生凤，老鼠的儿子会打洞，说的就是遗传。虽然无论国内还是国外，都很早认识到了遗传的强大力量及其对后代的影响，但是第一个深入研究遗传本质的人却是一位“不务正业”的神父。格雷戈尔·约翰·孟德尔（Gregor Johann Mendel）来自奥地利圣托修斯修道院，19 世纪中叶，他在修道院的后院种下了不同种类的豌豆，豌豆种子表皮或光滑或带有褶皱，颜色或黄或绿。通过这些豌豆之间不同代数的杂交，以及细致地记录不同类型豌豆的数目，再经过较为简单的数学计算，他发现这些豌豆的不同性状是有规律可循的，从而有了遗传定律的发现，并推测存在控制性状的具体物质，将其称为遗传因子，而他也因此被称为“现代遗传学之父”。然而，孟德尔在 1859 年发表他的发现时，达尔文的《物种起源》刚发表 7 年，生物学家的兴趣都还在进化论上，对他的发现毫无兴趣，直至半个多世纪以后，大家才认识其重要性。遵循他的研究成果，人们开始寻找这种遗传因子具体是何种物质，对于生命来说，其主要组成物质是蛋白质、脂类、糖类和核酸，那么遗传因子到底对应哪种物质呢？ 1909 年，丹麦人威尔赫姆·约翰逊（Wilhelm Johannsen）将遗传因子命名为基因。20 世纪初，美国洛克菲勒研究所的奥斯瓦德·西奥多·艾弗里（Osward Theodore Avery）通过精巧的实验设计，将光滑型和粗糙型两种不同类型的肺炎链球菌的不同物质进行相互转化，从而将遗传因子锁定在了核酸上。接下来，对于科学家们来说，要做的事情便是确认核酸的结构。当时人们已经通过化学手段了解到，核酸由 4 种不同的核苷酸组成，且核酸分为 2 种，一种是脱氧核糖核酸，一种是核糖核酸。艾弗里的体外转化实验证实，遗传物质为脱氧核糖核酸，其英文缩写就是我们经常说的 DNA。

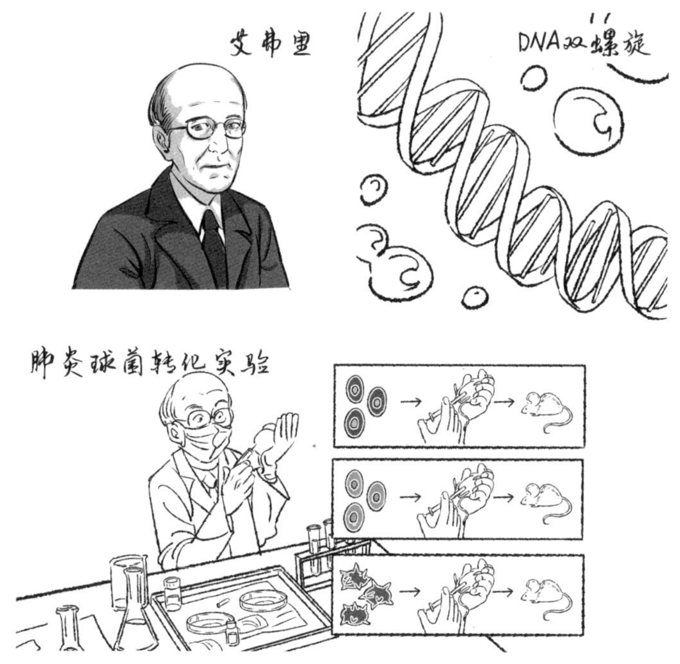

对于无法用肉眼或显微镜进行直接观察的物质，科学家们只能采用其他辅助手段进行检测，然后推测出其模样，核酸的结构就是通过对其晶体结构进行解析得到的。晶体学家莫里斯·威尔金斯（Maurice Wilkins）和罗莎林德·富兰克林（Rosalind Franklin）在获得了核酸形成的晶体后对其进行了 X 射线照射，首次获得了核酸的衍射图谱。詹姆斯·沃森（James Watson）和弗朗西斯·克里克（Francis Crick）在看到上面图谱时，第一时间用铁丝和硬纸板构建了两条相互缠绕的核酸模型，这就是著名的双螺旋结构。他们二位在 1953 年报道了该模型，1962 年便获得了诺贝尔生理学或医学奖。最早获得重要衍射图谱的两位科学家却因为性别歧视等种种因素未能获奖，这也成为科学史上最为不公的案例之一。在此之后的半个世纪，基于双螺旋理论，科学家们又建立了中心法则，明白了从DNA到蛋白质之间的过程是如何发生的。蛋白质由20余种不同的氨基酸组成，这些被称为氨基酸的化学物质具有不同的名称。而DNA的存在就是为了指导这些氨基酸按照DNA中已有的核苷酸序列来进行组合。为了实现这一过程，需要分离细胞核内组成DNA的两条核酸链条，然后变成可以转移到细胞质的核酸，再以3个核苷酸指导一个氨基酸生成的规律，一点一点地将氨基酸拼接起来，最后形成千奇百态和功能万千的蛋白质。不同的蛋白质控制着不同的宏观表现形式，比如豌豆的性状和细菌的表面光滑度，从而间接地将DNA和这些宏观表现联系了起来。20世纪末，人类基因组计划的开展彻底解密了人类DNA中的核苷酸数目，DNA全长共有约30亿个碱基对，包含的基因数目有两三万个。

如此长的DNA序列，在每一次细胞分裂的过程中都要进行自我复制。而DNA复制的过程极其复杂和精细，面对几十亿个核苷酸的存在，难免会出现疏漏，从而导致DNA序列在子代的细胞中发生变化。通常情况下，这种变化对于细胞来说不是致命的，它会随着细胞的增殖和分裂，一代又一代地传播下去。有些情况下，这种变化是致命的。细胞本身存在一种自我修复的机制，会利用其内部的酶，在出错的DNA位置两端进行剪切，将这段错误序列拿走，然后再将正确的序列填补进去。当然，任何的修复机制只能保证绝大多数的成功，面对数量如此巨大的核苷酸，总会有些错误的变化既没能得到修复，又没有导致细胞立即死亡，从而随着人类的繁衍，一代代地保存下来。如果这些错误正好落在那些控制重要蛋白质生成的基因上，便形成了所谓的遗传性疾病。在早期，人们既缺乏对这类疾病的了解，又缺乏从根本上治愈疾病的手段，因此，对遗传性疾病的治疗基本束手无策，只能在缓解疾病症状上面下点功夫，这么做不但治标不治本，而且效果欠佳。只有采用人为干预手段，对导致遗传病的基因错误序列进行纠正，才能一劳永逸地实现治愈。

为了对 4 种核苷酸重复连接形成的基因进行编辑，尤其是遗传上出现定点错误的核苷酸，生物学家们采用人工方法，精准地识别这个核苷酸所在的位置，先采用剪切的方法，将错误的核苷酸去除，再利用合成的方法添加正确的核苷酸。伴随技术的发展，一共经历了 3 代不同的基因编辑技术，对核苷酸的识别，经历从随机位置到模糊位置，再到精准位点。前两代技术都是利用蛋白质进行基因位点的识别，只不过一种是基于蛋白质中的特定结构，称为锌指结构，另一种是基于特定氨基酸的间隔性重复，直接与不同核酸序列结合。生物学家在用这些蛋白质作为引路人的同时，在它们的尾巴上接了一段可以切割基因的酶，因此，一旦它们识别了需要剪辑的基因位点之后，尾巴上的酶就会在这个位点进行切割，从而实现基因编辑。这两项技术的出现打开了基因编辑的大门，但是由于基因序列的组合太多，为了实现不同的编辑，需要设计和合成大量作为向导的蛋白质，工程量极大。目前来说，所有的编辑技术均存在一个巨大的缺陷或短板，那就是每一种编辑技术的精准度还有待进一步提高。虽然目前的技术已经可以识别目标靶点，但是对靶点以外的碱基也会出现不可预料的干扰，而这种干扰是否会影响基因功能、细胞功能或者机体功能，都是完全的未知数。虽然如此，第三代的编辑技术以核酸作为向导，替代之前的蛋白质，不但大大降低了操作难度和成本，而且基本可以对基因上任何一个位点进行随心所欲地删除、增加或替换。鉴于该技术具有重要的临床治疗价值，其发明人埃马纽埃尔·卡彭蒂耶（Emmanuelle Charpentier）和詹妮弗·杜德娜（Jennifer Doudna）也因此获得了 2020 年诺贝尔化学奖。

早在 1987 年，日本研究人员在细菌的遗传物质中发现了一组类似蛋白质中氨基酸间隔性重复的核苷酸序列，命名为 CRISPR。2003 年，西班牙微生物学家弗朗西斯科·莫吉卡（Francisco Mojica）在细菌和古细胞中发现 CRISPR 与其体内病毒的部分核酸存在相同序列，认为这是一种细菌抵抗病毒入侵的新机制，但是由于概念太过超前，在发表这一发现时，他频繁遭到学术期刊的拒稿。此后，其他研究者发现嗜热链球菌在被病毒入侵后会吸收来自病毒的部分核苷酸序列，这个序列的特点就是间隔性重复，当相同的病毒再次入侵时，细菌可以迅速识别，并通过名为 Cas 的酶降解病毒体内的核酸，让其无法复制，杀死病毒，这是一套十分类似于人体免疫的细菌免疫。然而，他们的研究都局限在细菌自身的防御，没有将其潜在价值和应用给体现出来，直至卡彭蒂耶的介入。

1968 年 11 月 11 日，卡彭蒂耶出生于法国巴黎附近的一个小镇，并在那里长大，小时候在一座古老修道院认识的老嬷嬷，让她立下了从事医学研究的梦想。18 岁和 22 岁时，她先后在巴黎第六大学获得学士学位和硕士学位，之后便在学校附近久负盛名的巴斯德研究所攻读博士学位和从事博士后研究。这是一个以微生物研究为主的研究所，在这里，她开始研究细菌，尤其是 DNA 片段在细菌耐药中如何发挥作用的研究。短暂的学生生涯结束后，她对当时的研究环境十分满意，虽然希望能够在研究所里开展自己的独立研究，但是如果想要建立自己的独立研究组，必须要有国外的研究经历。为此，她向美国 50 多个研究机构投递了博士后申请，广撒网的好处就是会得到很多回复，在众多的录取通知书中，她选择了洛克菲勒大学，在那里，她跟随导师开始了针对肺炎链球菌耐药性的研究。此后，她又来到纽约大学医学院，跟随一位皮肤细胞生物学家，花了两年时间学习如何操控哺乳动物细胞中的基因。虽然她了解到一些基因如何控制毛发的生长，但是发现操纵小鼠细胞中的基因难度远远大于对细菌的操作，也是从这时起，她意识到开发便捷基因编辑工具的重要性。

2002 年，卡彭蒂耶完成美国的博士后训练，终于有资本可以回国建立实验室了，但是这一次，她没有选择回法国，而是开始了一段流浪科研之旅，并选择了维也纳大学作为第一站。此后 7 年时间里，虽然她只能申请到短期项目资金，但是她手上项目

众多，一直都能拿到资金维持实验室的运转，辛苦归辛苦，实验还算顺利。并且在这里，她发现了化脓性链球菌中的一种核酸具有 CRISPR 的特性。为了深入研究，她和其他课题组合作，绘制了整个链球菌的核酸图谱，当图谱完成时，她发现链球菌中的 CRISPR 与已报道的研究相比，不同的点在于，它不但含有剪切酶 Cas9，还有 2 个独特的核酸序列参与其中。这个意外的发现让她很快意识到，如果能够弄明白这 3 个元件之间如何相互工作，就可以操控这些元件，这将是一种强大的基因编辑工具。但是，当时没有学生愿意听从她的建议，开展这项挑战传统认知的实验，最后只有一位硕士研究生愿意尝试。2009 年，她带着对大城市的厌倦来到了位于瑞典北部一个古老小镇的于默奥微生物研究中心。中心虽然成立不久，但是资金充足，此外，这里漫长且阴暗的冬天，让她更能忘乎所以地专注于工作。也正是在这一年夏天的一个晚上，学生告诉她实验成功了。她抑制住了兴奋，没有告诉任何人，作为一个年轻的研究人员，在这一领域没有任何声誉，如果想要顺利发表论文，她需要继续努力，拿出更多令人信服的实验数据才行。一年之后，论文成功发表，犹如在基因编辑圈扔了一个重磅炸弹，她一下子从一个无名小卒变成了学术明星。2011 年，在美国微生物学会会议上，她认识了来自加利福尼亚大学伯克利分校的结构生物学家杜德娜。二人一拍即合，开始了合作，很快便在试管中重建了这个 CRISPR 系统，并且实现了对 DNA 的切割，从而建立了 CRISPR-Cas9 基因编辑技术。2013 年，美国华人科学家张峰首次利用该技术对哺乳动物和人类细胞中的 DNA 序列进行编辑并获得了成功。起初，他们三人属于合作关系，但是最终因为争夺专利归属权而闹僵，虽然张峰最终获得了胜利，却痛失了诺贝尔生理学或医学奖。也是在 2013 年，卡彭蒂耶又将实验室搬到了德国汉诺威医学院，同时兼任赫姆霍兹传染病研究中心的部门负责人，这一次搬迁最大的好处是可以雇佣属于自己课题组的技术员，从而建立一个比较稳定的研究团队。2015年，她被引进到位于德国柏林的马克斯·普朗克研究所，并工作至今。一路走下来，正是从小树立的理想让她能够坚守苦行僧般的科研生涯，从一个国家来到另一个国家，从一个实验室跳到另一个实验室，20多年的科研生涯里，她总共在5个国家的9个不同研究机构待过。正如她的博士生导师对她的评价："她非常聪明，哪怕是在沙漠里，她也能建立实验室。"

有了基因编辑工具，下一步就需要考虑采用何种途径将这把剪刀送入细胞以及体内，这里就不得不提人人谈之色变的病毒。作为病毒，其天生的优势就是可以轻而易举地进入想要进入的细胞，在里面安营扎寨，要么直接表达蛋白，要么直接将其自身携带的基因插入到细胞的遗传物质里面，这样就可以随着细胞的增殖或分裂而一直存在下去并发挥功能。如同将毒蛇的毒牙拔去，毒蛇就失去凶恶的一面，变成可以饲养的宠物。针对病毒，生物学家们采用同样的手段，将其致命的遗传基因剔除，但仍保存其钻入细胞的能力，从而实现病毒的圈养，让其弃恶从善，为我们所用。尤其是利用病毒作为基因编辑工具的载体，几乎已经成为了走入寻常实验室的常规方法。当然，针对不同的细胞类型、不同的机体、不同的基因片段，对病毒类型的选择和改造也要因地制宜，不可一概而论。其中，人人皆知、人人喊打的人类免疫缺陷病毒就经过改造，已经完全被驯服，应用于日常的基因操作中，由此可见，如此可恶和凶猛的病毒也能造福于人类。

在有了多种工具和多种载体后，就可以对各种类型的疾病开展治疗了吗？只能说还为时尚早。迄今为止，能够走向临床和走向市场的基因编辑联合细胞治疗技术屈指可数，主要应用于孤儿病的治疗，但是这种新兴生物学疗法已经展现出了无限潜能，相关科研界及工业界人士都已经撸起袖子，准备在这个领域大干一番。

我们再一次回到艾滋病的话题中，如果能够利用人类免疫缺陷病毒对用于治疗的细胞进行基因编辑，再将其用于治疗艾滋病，是不是有点以毒攻毒的味道？虽然我们还未完全实现这样的想法，但是已经迈出了关键的两步。

第一步，利用天生 *CCR5* 基因变异的细胞治疗艾滋病患者。为什么可以这样做呢？这得说一说人类免疫缺陷病毒的感染原理。人类免疫缺陷病毒喜欢抓住免疫细胞并钻进其肚子里，尤其是那些身体表面有一种叫作 CCR5 蛋白的细胞，可谓一抓一个准，如同西班牙斗牛节的公牛见到抖动的红色布块，总是迎头往上冲。一旦进去以后，病毒就会把这些免疫细胞折腾得死去活来，最终引起人体的免疫力缺失，感染者容易发生各种严重感染和恶性肿瘤，最终导致死亡。而大自然的鬼斧神工不但造就了物种的多样性，连相同的基因也会产生多样性。有些人的 *CCR5* 基因天生发生了变异，从而导致人类免疫缺陷病毒无法钻进这类基因变异的细胞中，这样的话，他们的免疫细胞根本不怕病毒。因此，对于艾滋病患者，如果去除体内已经感染的免疫细胞，然后更换为 *CCR5* 变异的细胞，就可以使患者重获免疫力。人类历史上第一个治愈的艾滋病患者——“柏林病人”就是基于这个方法，得到较为长久的治愈。然而，要找到拥有这些变异细胞，而且具有和患者相同血型的人的概率极其低，完全看运气。

第二步，利用基因编辑技术对正常免疫细胞中的 *CCR5* 进行人为干预，达到和天然变异相同的功效，然后再进行细胞移植，达到治疗的目的。在这一点上，我国北京大学的邓宏魁和陈虎团队已经取得了积极的初步临床结果，可喜可贺。2016 年 5 月，他们接诊了一位同时患有艾滋病和白血病的 27 岁的患者，经过 1 年的鸡尾酒疗法和 6 个周期的标准化疗后，他血液中的病毒颗粒数下降到无法检测的水平，同时白血病也得到了一定缓解。为了检测基因编辑后的造血干细胞在治疗这类疾病中的安全性和有效性，他们从一位具有相同配型的 33 岁男性供体体内分离得到了没有发生 *CCR5* 变异的造血干细胞，体外培养 2 年，然后利用 CRISPR 编辑技术对其进行了针对 *CCR5* 的基因编辑，再等待 2

个小时，于 2017 年 7 月，将这些基因编辑后的造血干细胞输注给之前的这位艾滋病患者。经过长达 19 个月的观察，虽然经过基因编辑的淋巴细胞的百分比只有约 5%，但是这名患者的白血病得到了治愈，并且体外移植的细胞可以长期存活，没有出现任何不良反应，初步说明基因编辑是安全的。我们相信，在不远的一天，采用这种基因编辑加细胞治疗的方法可以完全治愈艾滋病患者，曾经发挥重要治疗作用的鸡尾酒疗法可能会走下历史舞台。

贫血是一种十分常见的疾病，尤其是对于女性来说。大部分贫血是由于后天的营养不良导致的，比如铁摄入过少、叶酸缺乏等，因此，通过补充造血所需元素或因子就可以达到治疗效果。但是，有几类先天性贫血——珠蛋白生成障碍性贫血和镰状细胞贫血的病因，主要是组成血红蛋白和珠蛋白的基因发生了变异，导致血红蛋白无法正常行使功能，引发红细胞溶血性贫血。其中，前者的全球变异基因携带者接近 1 亿人，我国主要集中在南方地区，尤其以广西人群中携带率最高，达到 6.4%。严重的珠蛋白生成障碍性贫血患者多在胎儿期或出生后几小时内死亡，有些患儿在出生后需通过终身输血或祛铁进行治疗，即便如此，其平均存活年龄也不会超过 10 岁，因此传统的维持性治疗方案不但疗效有限，而且成本昂贵。

由于这是相对简单的单个基因变异所导致的疾病，因此利用基因编辑技术对可以产生红细胞的造血干细胞进行错误基因的校正，然后再将基因编辑后的造血干细胞重新输注给贫血患者，就可以一劳永逸地治愈这类患者。无论是国际，还是国内，都已经在这一方向上取得了鼓舞人心的进展。2020 年，我国华东师范大学的研究团队通过与国内多个医院的临床研究团队合作，先后将经过基因编辑，实现珠蛋白重激活的自体造血干细胞移植给重型珠蛋白生成障碍性贫血患者，让其摆脱了对输血治疗的长期依赖。

血友病是血液系统的罕见病之一，自出生时即可发病，伴随终身，每年的4月17日被称为世界血友病日。早在公元2世纪，犹太教的律法《塔木德》中就有关于该疾病的记载，一些男婴在进行割礼仪式，即包皮环切手术时，出现了出血不止而死亡的现象。对于这类患者，一旦发生出血，即便是皮肤表面的轻微剐蹭，都有可能致命。在正常人中再普通不过的伤口结痂，对于他们来说都是天方夜谭，因此，一旦有了出血，如果不进行及时的干预，这类患者很可能会因失血过多而死去。除此以外，血友病患者的关节发生畸变的概率高达70%以上，严重的患者往往需要置换人工关节。不仅如此，较高的内脏出血率使得这类患者出现其他并发症时，很难进行外科手术治疗或加大了手术难度和风险，进一步增加了病死率。对于患有这些疾病的儿童，由于担心口腔内出血，长期缺乏牙齿护理导致口腔疾病的高发也是不容忽视的问题。在我国，每10万人中就有近3个该疾病的患者。在公元12世纪，对这类疾病的最好治疗方法是烫烙法，而现在的有效治疗方案主要是补充凝血因子的替代治疗，虽然该方法具有及时且有效的止血效果，但是治疗成本偏高，往往导致多数患者家庭难以长期维持，另一方面，长期注射因子导致抑制物的出现也会使该方法逐渐失效。

在欧洲，最为著名的血友病案例要数以英国维多利亚女王为起始的王室皇族病。出生于1819年的亚历山德里娜·维多利亚在18岁成为英国女王，统治英国长达64年。在其统治期间，英国异常繁荣，成为当时的日不落帝国，历史上也将她统治的时期称为维多利亚时代。当然，她的成功离不开她通过自己的子女所展开的政治联姻，她的9个子女分别与欧洲的多国贵族通婚，又诞有35个子孙，从而使她获得“欧洲祖母”的称谓。然而，她的这一做法在获得政治繁荣的同时，也将当时不为人知的“血诅咒”散布到欧洲各个王室。她的第 4 个儿子因为不慎摔跤，膝关节受伤，第二天便死了；第 2 个女儿嫁给德国公爵后，生了 7 个孩子，其中一位 3 岁时在阳台摔了一跤，便因内出血不止而死；即便是她的曾外孙，俄国末代沙皇，因为长期出血而一直面色苍白，体力不支，后因一次摔跤，终身卧床无法走动。除此以外，她的其他子女和子孙中，由于摔跤后出血而致残或致死的人也不在少数。

隐藏在血友病背后的凶手是先天性的基因变异，导致控制血液凝固的重要蛋白发生故障。1823 年，德国人斯考雷恩首次描述了

血友病为一种遗传性的凝血障碍。作为一种X连锁隐性遗传性疾病，其特点是女性传递，男性患病。根据编码凝血因子相关基因的不同，血友病分为三种类型：血友病A、血友病B和血友病C。第一种主要是凝血因子Ⅷ基因发生了变异，该变异由美国人凯斯·布林霍斯于1939年发现，第二种是凝血因子Ⅸ基因发生了变异，由美国研究人员于1952年在一名叫做史蒂芬·克里斯的患者体内发现，故也将该疾病称为克里斯病，前者的发病率远远高于后者。找到了症结，事情就好办了。采用基因编辑技术，对产生凝血因子的细胞进行错误基因的编辑，如造血干细胞和肝细胞，然后回输这些经过基因校正的细胞至身体内，使患者产生具有正常凝血功能的凝血因子，进而实现血友病的治疗，这有可能是治愈血友病的唯一希望。获得较高凝血活性的因子的方法主要有两种，一种是将自然界中自发变异却具有更好凝血功能的因子的基因插入进去，另一种是采用人工办法，一个一个地对编码的基因进行改变，从而找到最佳的组合。需要注意的是，过犹不及，过高地表达这类因子也存在一定风险，容易产生血栓，因此，最佳的因子表达水平和恰当的表达时间都得到了精准的控制，才能取得最大的治疗效益。当然，也有人尝试采用病毒介导这类因子表达的方法，直接注射这类病毒到体内，达到治疗的目的。2015年，美国Spark公司已经开展了腺相关病毒介导的凝血因子Ⅸ表达治疗乙型血友病的临床Ⅰ期和Ⅱ期试验，但是这类方法的安全性和有效性还有待进一步验证。

当下最火、为无数无药可救的癌症患者带来生的希望的肿瘤免疫细胞疗法，算得上是该板块最值得骄傲和介绍的技术。严格意义上说，这类疗法也是囊括了细胞疗法和基因编辑。我们已经知道免疫细胞是我们体内对抗外来入侵和自身炎症的重要武器，然而，肿瘤细胞是由体内正常细胞演变而来的，因此，自身的免疫细胞很难识别它们。尽管如此，肿瘤细胞和正常细胞之间还是存在一定的差别，经过千万次的实验，人们终于找到了关键的差异，比如白血病细胞的细胞膜上镶嵌着更多名为CD19的蛋白质，从而让免疫细胞认为它们是坏蛋。那么，如何才能识别呢？警察抓坏人也不能徒手啊，需要枪、手铐等工具进行武装。为此，科学家们为免疫细胞也增加了装备，利用基因编辑技术为其增加了可以高效识别肿瘤细胞的特殊蛋白。经过改造的免疫细胞中，最著名的当数嵌合抗原受体T细胞，如同有双火眼金睛，一旦进入体内，它们就会有目标地去寻找肿瘤细胞，从而做到高效且精准地杀死肿瘤细胞，达到治疗肿瘤的目的，这种新颖的免疫细胞治疗方案被称为CAR-T。

第一位进行CAR-T研发的科学家是来自以色列的泽利格·艾莎尔（Zelig Eshhar），1993年，他就利用基因编辑方法对T细胞进行了改造，并尝试其对肿瘤的杀伤能力。美国人史蒂芬·罗森伯格（Steven Rosenberg）在艾莎尔的帮助之下，于2010年报道了第1例接受CAR-T治疗的病例，该淋巴瘤患者虽然没有得到治愈，但是病情得到了明显的缓解。直至2011年，美国人卡尔·朱恩（Carl June）报道了1例基于该方法获得治愈的病例，从而引起整个领域的沸腾。朱恩的早期研究目标主要是想激活和改造T细胞，然后治疗艾滋病患者，但是在1996年，他的妻子被诊断为卵巢癌，并在5年之后离世，这让他下定决心从事应用免疫细胞治疗肿瘤的研究。可是，研究需要大量经费的支持，在早期，这个领域并未获得广泛的关注和认可，因此很难申请到科研经费的资助。好在一个名为癌症基因治疗联盟的私人基金会提供了一百万美元的支持，这个联盟的创始人也是在目睹他们的儿媳被乳腺癌夺去生命后，才决定成立该联盟，并帮助更多类似的患者。

作为第一个吃螃蟹的人，美国小姑娘艾米丽·怀特黑（Emily Whitehead）受益匪浅，从被宣告放弃治疗到采用该疗法，她也算经历了九死一生。5岁的时候，她被诊断为急性淋巴细胞白血病，在宾夕法尼亚大学儿童医院经过两轮的化疗后，她的双腿出现了坏死，差点面临截肢的危险，仅仅过了16个月，她的白血病又复发了。此时，唯一的选择就是进行骨髓移植，但是同时需要面对该治疗带来的巨大不良反应。权衡再三，她的父母还是选择了放弃这一治疗方案。小姑娘的病情每天都在恶化，体内的白血病细胞每天都在翻倍地增加，她只能再进行一次强化的化疗，三周过去了，病情仍旧没有任何好转的迹象。主治医生似乎也已经放弃了治疗希望，建议她的父母开始最后的临终关怀。这是对那些走向人生终点的患者所给予的精神安慰，能够让他们带着微笑和尊严离开这个世界，而不是痛苦和折磨。然而，对于她的父母来说，这没有任何意义，他们的愿望是看到女儿活下去，哪怕还有一丝希望，他们都要去尝试。这时，他们听说宾夕法尼亚大学里有科学家正在研发一种新型的肿瘤免疫细胞疗法，但是还没有开展任何临床试验。在多方的努力之下，艾米丽成为了这种新型疗法的第一位临床受试者。但是在注射了该疗法的第三剂治疗细胞后，她出现了严重的高烧、呼吸衰竭和休克等症状。根据治疗方案，她的血样被送去进行检验，以便找出原因和针对性的缓解方案。时间在一分一秒地流逝，情况十分危急，主治医生给检验科的同事打了无数个电话，央求他们加快速度。两个小时后，检查结果出来了，在艾米丽的血中，白介素-6的水平是正常人的1000倍，难怪会引起这么强烈的不良反应。通过网上搜索以及邀请专家会诊来找到消除白介素-6的方法是当前的重点，也是唯一的希望。这时，他们想到了朱恩教授的女儿因为关节炎正在使用一种抗体药物——托珠单抗，这种药物正是白介素-6的抑制剂，而且医院的药房里正好有这个药的现货。在给艾米丽注射完一针托珠单抗的几个小时之后，所得不适症状明显得到了缓解，一切都在向好的方向发展。在7岁生日那天，她终于从昏迷中苏醒，这是最好的生日礼物。目前，艾米丽的身体非常健康，可以说她的白血病得到了治愈。

艾米丽能够战胜疾病，不仅是她个人的奇迹，更是肿瘤免疫细胞治疗的胜利。要知道，同样是在宾夕法尼亚大学，1999年9月17日，一名18岁的男孩杰西·基辛格在接受一项基因治疗的临床试验后离世，从而把基因治疗领域带入了10余年的黑暗时期。如果这次艾米丽遭受不幸，肿瘤免疫细胞治疗的命运恐怕也会步其后尘。好在幸运之神这次眷顾了所有人，既包括患者，也包括那些参与一线治疗的医生以及幕后的研究人员。此后，CAR-T 治疗在全球遍地开花，针对那些无药可救的白血病，治愈率甚至超过了 80%。2017 年，美国食品药品监督管理局批准了 CAR-T 细胞疗法的临床和市场应用，制药巨头吉利德公司更是花费超过 100 亿美元的资金，从早期研发这项技术的凯特医药公司购买了这项成果。但问题是，这款产品的定价高达 40 多万美元，如果不能把治疗成本降下去，对于绝大多数患者家庭来说，这都是一笔无法承担的巨额医药费。

此外，“成也萧何，败也萧何”的魔咒似乎一直都在。正是由于被基因编辑后的免疫细胞存在于血液系统，可以全身上下地跑，因此，CAR-T 疗法对血液系统恶性肿瘤具有很好的疗效，而这类免疫细胞要想有效地进入实体器官中，比如进入肝脏杀死肝癌细胞，进入大脑杀死脑肿瘤细胞，却是效果甚微。因为即便它们的个头再小，还是不容易钻进去，最多挤挤门缝，探个脑袋，要想全身进入是不可能的。如果在将来能提高它们的“缩骨功”，或者将进入不同器官的大门开得再大些，可能会有意想不到的效果。

15 不安分的肿瘤细胞

从辩证唯物主义的角度分析问题，任何事物都可以一分为二，既有好的一面，也有坏的一面。正如人分善恶，细胞也不例外，好的细胞，我们称为正常细胞，坏的细胞，我们称为肿瘤细胞，如果再坏一些，我们称为癌细胞。

肿瘤细胞或癌细胞的出现可以追溯到几百万年前，科学家在考古发掘的古人类化石中发现了骨肉瘤形成的化石。此外，在埃及保存至今的木乃伊中，研究人员通过现代解剖学手段发现了结直肠癌细胞的痕迹，由此可以推测，此人当时可能因为该疾病而去世。癌症对于埃及人来说是一种诅咒，根据保存至今的古埃及医书记载，早在公元前 1600 年左右，他们就发现了多种癌症，比如乳腺癌，为了治疗，他们曾尝试烧烙法、烟熏法、刀割法和咒语等各种方法。公元前 400 年，古希腊的希波克拉底（Hippocrates）在皮肤和鼻腔等浅表位置观察癌症的表现，发现癌细胞从中间爬出，伸进正常组织之中，看起来非常像张牙舞爪的螃蟹，故命名为螃蟹。直至公元前 1 世纪，螃蟹一词被翻译成癌症。公元 2 世纪，古希腊人伽林（Galen）将仅长出肿块，但没有发生正常组织侵入的病变组织称为肿瘤。公元 3 世纪，我国古代对这类疾病也有记载，最早见于西晋王叔和编撰的《脉经》一书。中医将其称作“岩”，即表面凸凹不平且质地坚硬之物，非常形象和贴切。

那么肿瘤细胞是如何产生的呢？至今也没有研究明白，形成理论众说纷纭。总之一句话，肿瘤细胞是由正常细胞转变而来的，其转变的原因，要么是遗传原因，要么是环境因素。

肿瘤细胞的遗传特性，除了其自身 DNA 密码发生改变所导致外，还有一个重要的外在因素，那就是小到肉眼看不见、常规光学显微镜也无法观察到的病毒。病毒的种类千千万万，无论种类还是数量均远远多于细胞。病毒往往喜欢和特定类型的细胞黏在一起，从而影响细胞的特性。最早期的研究发现，鸡肉瘤病毒感染哺乳动物来源的正常细胞，会导致这类细胞直接转变为肿瘤细胞，进入无限的增殖状态。为什么会产生这样的结果？主要归因于病毒将其自身 DNA 中的一个基因片段插入正常细胞的 DNA 中，从而赋予其不同的命运，正如植物的插芊会赋予其完全不同的生长特性。如今，我们将这段 DNA 定义为促癌基因，一旦有了它们的存在和活跃，就会导致正常细胞转变成肿瘤细胞。基于这样的思路反其道而行之，人们也找到了可以抑制肿瘤细胞无限生长的基因，并称之为抑癌基因，当然，这类基因尚未被发现于病毒之中，均是天然地存在于正常细胞内。

在此之中，最为知名的案例当数人乳头状瘤病毒和宫颈癌的关系。关于肿瘤的预防性疫苗一直争议不断，能够板上钉钉的便是，人乳头状瘤病毒疫苗的注射可以有效预防宫颈癌的发生。

哈拉尔德·楚尔·豪森（Harald zur Hausen）于 1936 年 3 月 11 日出生于德国北部的盖尔森基兴，一个因煤而起的城市，如同我国北方的山西省大同市。由于第二次世界大战的原因，他打小学起的上学时光一直是断断续续的，虽然如此，他的学习成绩既不算顶尖，也不算太差，一直熬到 19 岁参加完高考。小时候天天和花鸟鱼虫在一起，培养了他对自然的热爱，因此，在选择专业时，他一直在生物学和医学之间犹豫不决。虽然他最终选择了医学，但是在大学期间仍旧旁听各类生物学的讲座和课程，即便比较辛苦，他仍然坚持了下来，并且收获满满。毕业之后，他原本打算继续科学研究，但是出于生计考虑，他还是打算先拿到医师执照。就这样，他在医院进行了为期 2 年的医学实习，从这时起，他才开始接触妇产科，并且居然喜欢上了这个学科。实习结束后，豪森来到杜塞尔多夫大学医学微生物学和免疫学系，开始了关于病毒如何引起染色体变化的研究，并接触了微生物诊断学。为了寻求专业上的进步，3 年之后，他来到美国费城，开始了自己的博士后生涯，并在那里成家、立业、生子。当时，导师的研究兴趣是刚刚被发现的人类疱疹病毒 4 型，整个课题组都在开展该病毒的检测方法研发以及流行病学调查。但是豪森缺乏分子生物学的训练，很难跟上大家的进展。为了弥补个人短板，他怂恿导师让他从腺病毒的研究开始着手，虽然导师极不情愿，但还是没有为难他。就这样，他一边着手腺病毒感染细胞后的染色体变化研究，一边做一些该病毒感染淋巴细胞和淋巴瘤细胞的研究，而淋巴瘤被认为是疱疹病毒感染导致的主要肿瘤类型之一。33 岁时，他终于结束海外生活，携家带口回到祖国的维尔茨堡大学，开始筹建自己的独立研究小组。这一次，他终于有能力开展关于疱疹病毒的研究了，并且一干就是 3 年。

在这一方面小有成就之后，他得到了一个新建的临床病毒研究所所长的职务，为了做出成绩，他打算重新开辟一个研究方向。当然，新的方向也必须基于自己之前的研究背景，也不能偏离太大，否则就是空中楼阁。既然淋巴瘤和疱疹病毒有关，那么其他的肿瘤呢？尤其是关于宫颈癌的传说，关于它和病毒之间的关系都已经被传了几个世纪了，特别是在 20 世纪 60 年代，呼声最高的便是单纯疱疹病毒 2 型。因此，他打算在这个方向上试一试，并让他的同事在宫颈癌的临床标本中找一找是否有单纯疱疹病毒的蛛丝马迹，但是事与愿违，所有的努力均以失败告终。此时，越来越多关于生殖器周围尖锐湿疣转变为癌症的报道引起了他的注意，而且当时已经知道前者中包含人乳头状瘤病毒。因此，他要做的便是检测宫颈癌中是否有这类病毒。在多方的协助之下，豪森终于在多个样本中找到了他想要寻找的结果。很快，5 年时间过去了，他带着研究团队来到弗赖堡大学病毒研究所，并担任所长。在这里，凭借天时地利人和，他和他的团队陆陆续续发现了人乳头状瘤病毒的多个亚型，从而证实了该病毒诱发宫颈癌。有了这些结果，他们自然想到利用防止病毒感染的疫苗来预防宫颈癌，但是和不同药厂接触一圈之后，他们发现没有一个公司感兴趣。直至数年之后，通过接种人乳头状瘤病毒疫苗预防宫颈癌才逐渐被人们所接受。由于在这一领域的原创性发现和贡献，他在2008年荣获诺贝尔生理学或医学奖。

说了半天肿瘤的遗传背景，下面该说导致肿瘤细胞产生的环境变化因素了，有一个著名的比方，那就是种子与土壤的关系。一粒种子并不是在所有土壤里都会发芽，只有在合适的土壤环境中才会生根发芽。类似地，一个有了致命DNA变异的正常细胞，也不见得都会恶变为肿瘤细胞，它们只有在特定的劣性环境里才会表现出狰狞的面目，这也许就是所谓的“近朱者赤，近墨者黑”。环境既包括小环境，也包括大环境。小环境主要指局部的炎症反应，例如长期的感染或组织溃烂等，对于肺部肿瘤，主要就是长期吸烟或吸入污染空气导致的肺部正常细胞的恶变，其中臭名昭著的环境因子当数尼古丁和二噁英。大环境的改变便是不可逆转的衰老，因此，我们也可以把肿瘤看作老年性疾病。当然，伴随机体的逐渐衰老，DNA的累积变异增多导致肿瘤发生的增加是不可回避的因素，越来越多的证据表明，衰老带来身体整体免疫环境的改变，无法遏制DNA变异的细胞恶变或已经恶变的肿瘤细胞的快速生长，从而引起肿瘤的高频率发生，并最终诱导机体的死亡。因此，肿瘤大有超越非恶性疾病，如心血管疾病和器官衰竭的趋势，成为老年人的头号杀手。

环境改变所导致的疾病中，最常见的事件便是细菌感染造成的长期炎症，严重者甚至会引发肿瘤。

巴里·马歇尔（Barry Marshall）于1951年9月30日出生于澳大利亚西部的卡尔吉利，一个离珀斯市约370千米的金矿开采镇，此时，他的父亲是一位年仅19岁的钳工学徒，母亲则是一位刚满18岁的护士学徒。童年时期，由于父母工作的频繁更换，他也随之到处迁徙，虽说辛苦，倒也乐趣无穷。第一次搬家可谓随遇而安，一家人开着一辆汽车，原本要到 1000 英里（1 英里约等于 1.6 千米）以外的西海岸，但是车子抛锚，他们便在抛锚的卡那封郡生活了 4 年。由于祖父和祖母依旧生活在卡尔吉利，之后他们又搬了回去。在他 7 岁时候，全家又搬到了珀斯市。7 年之间，他先后有了两个弟弟和一个妹妹，并且经常带着他们冒险，有一次竟然让弟弟从树上跳下来，导致弟弟摔断了腿。小学期间，由于学习不够用功，他的成绩忽上忽下，有那么一两次能考个全班第一或第二，但是多数时候处于中游。大部分时间，他都跟在爸爸后面捣鼓汽车引擎和修理汽车，并且对什么都很好奇，阅读了大量爸爸收藏的机械书和妈妈保存的医学相关书籍。而且他可不是一个死读书的书呆子，学以致用可是他的拿手好戏，虽然常常弄巧成拙。

12 岁的时候，他和弟弟一起在家照看不足 2 岁的妹妹，一不留神发现妹妹拿起一个牛奶瓶就喝，而里面装的不是牛奶，是煤油，过了没多久，他就发现妹妹有点不正常了，一直打嗝。情急之下，他一边打急救电话，一边给她做人工呼吸。事实证明，人工呼吸是没有用的，因为当时他的妹妹还能呼吸，他也闻到妹妹口中的煤油味，知道她喝错了东西。幸好最后救护车及时赶到，有惊无险。这件事让他在当地一时变得小有名气。整个青年时期，父亲对他和几个弟弟妹妹的影响最大，让他在游戏间学会了很多东西，也尝试了很多有趣的事物，比如自己造火药和修理电器等。高中毕业后，马歇尔进入纽曼学院，按照他的意愿，肯定想选机电工程专业，但是有得必有失，他以前光顾着玩了，数学底子太薄，不得已，他只能选择了医学专业。

在大学里，他有幸认识了自己一生的挚爱，一位心理系的同学，并在大五的时候，他们一起步入婚姻的殿堂。此后，他的生活便是按部就班的毕业、实习和住院医生轮转，一晃就是近十年时光，期间他和他的妻子有了 4 个孩子，工作以外的时间，他便陪着他们一起玩耍。直至 1981 年，他来到胃肠科轮转，遇见了罗宾·沃伦（Robin Warren），人生的转折在此悄无声息地发生了。此时，沃伦在一些患者的胃部活检样本中发现了一些弯曲形状的细菌，但是不知道它们是否和临床症状有关，科主任便安排他帮助沃伦一起研究。他之所以非常乐意去帮忙，是因为了解到沃伦的患者中有一位是他的邻居，她长期饱受胃痛折磨，却找不出原因，为此，他曾建议她去看心理医生，看看心理治疗是否有所帮助。就这样，二人开始了漫长的合作，一起度过了无数的午后时光。在观察了众多患者样本和阅读了大量文献之后，可以明确细菌和胃炎之间存在关联，但是他们还无法确定所观察的现象到底是什么。一年以后，马歇尔得到弗里曼特尔医院的资助，开始筹建独立的实验室，得以继续之前的研究，并且国际上多个研究小组开始报道相同的发现，即幽门螺杆菌和胃炎之间存在关联。与此同时，学界内也存在很多的质疑者，尤其是他不能建立相关的动物模型来模拟这个临床现象，因此他在发表相关论文的过程中屡屡碰壁。

在这些心灰意冷的日子里，来自临床的进展坚定了他的信心，尤其是抗生素治疗取得了不错的效果。这些结果也让他猜想，这些细菌先引起了胃溃疡，再变成胃炎，最后进一步恶化，可能引发胃癌。为了验证自己的猜想，他既没有和妻子商量，也没有征得任何伦理委员会的同意，便从实验室拿了一些分离得到的菌液，一股脑地一饮而尽。效果可谓立竿见影，胃镜检查表明，他感染了细菌且出现了胃溃疡，在妻子的建议下，他立马接受了治疗并获得治愈。有了这些所谓人的临床试验，他终于得到了国家医学研究委员会的资助，得以开展更大规模的临床双盲试验，来检测抗生素对胃溃疡的治疗效果。一系列试验的开展进一步验证了他的早期猜想，也不枉他对自己下狠手。2005 年，他因为在这一领域的贡献荣获诺贝尔生理学或医学奖。2021 年，美国卫生与公众服务部将幽门螺杆菌列为致癌物。

那么肿瘤细胞为什么如此歹毒呢？这就得从它的秉性开始说起。好比一个人，一旦受到各种无法承受的精神打击，就会性情大变，肿瘤细胞也是如此。正常细胞一旦变为肿瘤细胞后，就会“成精”，不走寻常路。首先，它们会以史无前例的速度生长，挤占正常细胞的位置，从而导致正常细胞功能的丢失，并波及组织或器官的功能，颇有鸠占鹊巢的味道。其次，由于快速地生长，肿瘤细胞急需大量的养分和氧气的供给，在有限的资源下，势必剥夺正常细胞的供给，从而导致后者死亡。因此，有人想办法切断肿瘤细胞的资源供给，例如切断供给养分的血管，降低氧气的含量，希望达到饿死或憋死肿瘤细胞的目的，然而，希望总是美好的，现实却是残酷的。在被剥夺供给的条件下，肿瘤细胞确实可以停止无休止的生长，进入休眠状态，可是这一切只是表象。肿瘤细胞在闭上眼睛进入假寐状态后，迅速地想出了两条对策。一是断臂求生，通过让多数的肿瘤细胞死亡，减少资源消耗，获得一小部分肿瘤细胞的存活，并且让活下来的细胞进入完全的沉默状态，几乎刀枪不入，任尔东西南北风，它们也无动于衷，一旦哪天你疲倦了，放松警惕，它们便会卷土重来，可谓野火烧不尽，春风吹又生。二是金蝉脱壳，有些肿瘤细胞在强大的杀伤压力下会伺机寻找突破口，转移到其他地方，免受战火的灭顶之灾，并且一旦转移出去，便会在不同的据点定居和潜伏下去，为日后的反攻蓄势待发，而且这种反击往往都是猝不及防且致命的。可见，肿瘤细胞不但具有强壮的体魄，而且具有极其狡猾的思维。因此，即便经过多个世纪的研究，肿瘤细胞依旧遏制着我们的命脉。

事实上，没有被杀死的肿瘤细胞还会获得之前的细胞所不具有的新特性，那便是干细胞特性，我们将这些细胞称为肿瘤干细胞。然而，这时的干细胞可不是我们之前提到的能够促进组织或器官再生的干细胞，这些干细胞可以称得上是恶魔的化身。由于肿瘤干细胞的出现，哪怕体内只残存一个这样的细胞，在合适的环境之下，它便会如同正常干细胞一样开始自我复制、扩增以及分化，从而建立一个庞大的肿瘤细胞军团。我们为什么常常说肿瘤难以治疗呢？原因之一就是这里面的细胞类型太多了，而且等级众多且森严，已有的药物一般只能针对性地杀死某一种类型的肿瘤细胞，而对其他类型的肿瘤细胞无能为力。即便是子孙辈的

肿瘤细胞被杀死，祖一辈的肿瘤细胞又会立马产生新的子代细胞进行补充，从而导致治疗的失败。

早在 1969 年，肿瘤干细胞便在白血病中被发现，因此也被称为白血病干细胞。但是由于技术的限制以及干细胞领域发展的滞后，直至 2003 年，肿瘤干细胞才得以在血液肿瘤以外的实体肿瘤中被发现。来自加拿大的约翰・迪克（John Dick）利用流式细胞分选技术，率先在乳腺癌中发现了这类细胞。这种技术可以让一群细胞排成队，一个一个地通过闸机口，在细胞通过的同时利用激光对每一个细胞进行特征识别，一旦发现有不同或者长相比较怪异的细胞，就会给这些细胞标记上正电或者负电，最后再经过一个电磁场，带有不同电荷的细胞就会乖乖地分类到不同的场所，从而实现分离或者富集特异细胞的目的。此后，在其他实体肿瘤组织中，研究人员也陆续发现了肿瘤干细胞，比如脑胶质瘤。与其他胶质瘤细胞相比，胶质瘤干细胞具有超强的抵抗能力，无论是常规的药物化疗，还是放射治疗，都很难把它们杀死，如果采用更大剂量达到杀死它们的目的，往往也会对正常组织产生致命的影响，可谓“杀敌八百，自损一千”。因此，针对肿瘤干细胞的靶向性治疗已经成为一线肿瘤科学家的重要研究目标之一，但是最终能否让患者获益还很难说，毕竟肿瘤干细胞学说也只是肿瘤研究领域中灿若繁星的理论中的一个而已。

肿瘤细胞如此顽固，是不是都是无药可救的呢？答案既有否定的，也有肯定的。因为经过深入的研究，研究人员对有些肿瘤的秉性已经完全了解，已然可以实现治愈；但是，对绝大多数肿瘤，我们依旧无能为力，因此有些医生提出了带瘤生活，将肿瘤看作一种慢性疾病，只要控制其不进一步发展和恶化，不危及到生命，那么就随它去吧。虽说是一种消极的疗法，却往往能使肿瘤患者具有更好的生活质量。

接着刚刚提到的肿瘤干细胞话题，针对其治疗的方法之一当数分化疗法，最为成功的案例是我国学者王振义院士利用反式维甲酸诱导白血病细胞再次转变为正常细胞，他也将其称为改邪归正疗法。王振义于1924年11月30日出生于上海，有7个兄弟姐妹，由于家境殷实，即便是在那个动荡年代，家里的小孩也都获得了良好的教育，他自然也不例外。在父亲的建议下，王振义18岁进入震旦大学学习医学，6年之后，他直接获得医学博士学位，并留在了广慈医院，即现在的上海交通大学医学院附属瑞金医院工作至今。之后，在著名内科专家邝安堃的指导和带领下，他开始接触血液病，从此一头扎入血液病的研究和治疗之中。1953 年，他报名参加了抗美援朝医疗队，作为东北军区内科巡回医疗组的主治医师，为志愿军伤员进行诊治。此后，他专注于血栓和止血的研究，并在国内率先建立了血友病的诊断方法。

同时，在当时国内“大跃进”的口号鼓动之下，王振义开始接触白血病，并提出尽快攻克白血病的口号。但是口号不能解决任何问题，一个个白血病患者在他面前离去，让他倍感难过和自责。因此，只要国际上有什么新的进展，他都会及时关注和跟进，在 20 世纪 70 年代，他了解到以色列的科学家在动物实验中证实了白血病细胞可以分化为正常细胞，80 年代初，他又了解到美国科学家利用一种名为顺式维甲酸的药物诱导了白血病细胞的分化。此时来到了 1985 年，其夫人谢竞雄所在的上海儿童医院收治了一位 5 岁的小女孩静静，静静出现了典型的白血病症状，包括高烧、流鼻血、肛周脓肿等，如果再不进行有效的治疗，她随时都会失去生命。此时，已年过六旬，担任上海第二医学院院长的他建议夫人采用反式维甲酸治疗试一试，但反式维甲酸此前没有开展过任何相关临床试验，如果治疗失败，医生需要担受巨大的风险。面对患者的生死，他们决定放手一搏。为什么是反式维甲酸，而不是国外报道的顺式维甲酸呢？一是当时上海很难买到顺式维甲酸，如果从国外进口，价格极其昂贵；二是当时的上海第六制药厂正好在生产反式维甲酸，因此他也将错就错地使用了下去，并在体外的试验中发现后者具有更好的诱导白血病细胞分化的效果。这一次，奇迹不但眷顾了静静，也为王振义打开了一扇他一直梦寐以求的治愈之门。很快，他们在更多的白血病患者身上试验了该药物的治疗效果，几乎达到了 90% 以上的治愈。1988 年，他们将这一结果总结发表在了血液学领域的权威学术杂志《血液》上，截至目前，这篇论文已被他人引用2000余次，他本人也因此荣获包括国家最高科学技术奖等无数奖项。

故事如果说到这里就结束了，那也太小看我们王老爷子了。他不但在专业领域有所建树，在人才培养方面更是取得了了不起的成绩。他的学生中，一共有3人获得院士称号，分别是陈竺、陈赛娟和陈国强，每一位都在白血病领域取得了骄人的成绩，从而有了一门四院士的佳话。在前期取得积极治疗效果的基础上，他的几位得意门生与哈尔滨医科大学的张亭栋一起，进一步联合反式维甲酸和砒霜，将急性早幼粒细胞白血病的治愈率提到了新的水平。他们把一种绝症变成了可治愈的疾病，而这个全新的治疗方案也在国际上被同行认可，并被称为上海方案。虽然当时并不清楚这些药物发挥作用的具体原因，但是能够实现治病救人的目的已经很不起了。通过现代分子生物学技术手段，研究人员已经掌握了这种可被治愈的白血病的主要发病原因以及药物联合作用的机制，从而拉开了国内医学领域精准治疗的帷幕。

事实上，在国际上第一个实现精准治疗的药物是伊马替尼，其诞生过程可谓充满崎岖坎坷。前几年，国内有一部引起大家广泛共鸣的电影《我不是药神》，说的就是肿瘤特效药伊马替尼在病友中的故事，而关于该药物背后研发者的故事，同样值得大家关注。如果有人把这个故事拍成电影的话，肯定是一部跨越半个世纪、涉及众多默默无闻贡献者的鸿篇巨制。

彼得·诺威（Peter Nowell）于1928年2月8日出生于美国费城，从宾夕法尼亚大学医学专业毕业后，他先在部队服役了两年，然后又回到母校从事病理学研究。当时的主要研究工具只有光学显微镜，观察的内容是不同细胞在细胞分裂时染色体的变化是否出现异常。为了获得更佳的观测效果，他改进了制作染色体标本的方法，而这一方法的改进，让他和同事于 1960 年首次观察到了白血病细胞中染色体的异常，尤其是 22 号染色体变短了，在这类患者的所有血细胞中几乎都能观察到这个现象。这个结果在当时从未被报道过，一方面是因为当时的研究热点集中在病毒感染导致肿瘤产生，另一方面也是因为在其他肿瘤细胞中几乎都没有发现类似的染色体变异情况，因此当时并未引起足够的重视，只是将这个特殊的染色体命名为费城染色体。

直至12年之后，芝加哥大学的珍妮特·萝莉（Janet Rowley）进一步改进了细胞中染色体制备和成像分析的技术，观察到这个变短的染色体和9号染色体之间发生了交换。除此以外，她还在白血病中找到了其他发生变异的染色体，从而在染色体易位和癌症之间建立了联系。又过了10年，人们才搞清楚22号和9号染色体之间易位所导致的白血病的具体发病机制，两个原本不同且不在一起的基因发生了融合，从而过度地激活了一种本不该被激活的酶。

既然知道了明确的靶点，下面要做的事就是抑制这个酶的活性，对从事化学和药物学的人来说，最擅长的事便是利用海量筛选的方法，从成千上万的化合物中找到那个特定的抑制剂，然后射向靶心，最后大功告成。几年之后，一家小公司的研发人员尼古拉斯·莱登（Nicholas Lydon）幸运地筛选到了这个抑制剂，并取名为伊马替尼。但是，当时公司的高层对继续开展这个化合物的临床研究缺乏兴趣，让伊马替尼呼呼大睡了好几年。直至公司合并，成立了现在的医药巨头诺华，事情出才现了转机。在莱登的持续游说之下，项目得以继续开展，并和肿瘤科医生布莱恩·德鲁克（Brian Druker）以及查尔斯·索耶（Charles Sawyers）合作，开始了临床试验。I期临床试验展现出了极佳的治疗效果和极少的不良反应，从此伊马替尼走上快速研发和上市的道路，而此时已是21世纪初。

既然肿瘤细胞如此令人厌恶，是不是就完全一无是处了呢？从辩证的观点来说，利用肿瘤细胞无限生长的特性，我们可以做到物尽其用。肿瘤细胞的贡献之一便是用于生产单克隆抗体，即把肿瘤细胞与产生抗体的淋巴细胞进行融合，实现合二为一。

塞萨尔·米尔斯坦（César Milstein）于 1927 年 10 月 8 日出生于阿根廷布兰卡港的一个犹太移民家庭，和世界上其他犹太家庭一样，他的家庭极度重视教育，即便在那个艰辛年代，家里 3 个小男孩也全都完成了大学学业。米尔斯坦在家中排行第二，虽然学习一般，但是喜欢参加学生会活动。他毕业以后第一件事就是和大学认识的女朋友结婚，然后花了一年时间，到欧洲各国巡游一番。回国以后，他开始攻读医学博士学位，主要研究内容是酶的动力学，由于缺乏稳定的经济支持，他只能边打工边学习。期间，在奖学金的支持下，他来到英国剑桥大学，继续开展相关酶学研究，并在这里结识了大名鼎鼎的弗雷德里克·桑格（Frederick Sanger）。博士毕业之后，米尔斯坦回到祖国工作，开展了 2 年的独立研究，但是受当时的政治环境影响，他又回到英国，加入了桑格实验室，并在他的建议下，将研究方向从酶学转向免疫学。此时，人们不但发现血液中由 B 细胞分化而来的浆细胞可以产生抗体，而且发现浆细胞的恶化可以导致多发性骨髓瘤。虽然抗体早在 19 世纪末就被发现，这是一种在体内条件下产生后可以中和毒素的物质，但 30 年之后，人们才认识到这些物质的本质是蛋白质，并且一种抗体只能和一种毒素结合，如同一把钥匙只能打开配对的锁，后来人们将这些毒素命名为抗原。抗体不但可以用来中和毒素，而且可以用来识别流感病毒并产生抵抗作用。但是获得只针对某一种病毒的抗体非常困难，因为正常浆细胞分泌的抗体是一个混合的群体，好比一杯调制好的鸡尾酒，要再想把其中的某一个成分分离出来是非常困难的。米尔斯坦当时想要解决的问题就是如何获得单一且大量的抗体，而他采取的策略则是当时比较热门的细胞融合技术，可惜一直效果不佳。

转机出现在 1974 年，一位刚刚毕业的博士乔治斯・吉恩・弗朗茨・科勒尔（Georges Jean Franz Köhler）加入了他的实验室，开始博士后训练。科勒尔于 1946 年 4 月 17 日出生于德国慕尼黑，高中成绩一般，然后上了一所普通的大学，学习生物学，并由此爱上了这个专业，博士期间，他在瑞士新建的巴塞尔免疫学研究所从事免疫学研究。当科勒尔接手这个课题时，他将当时的研究所所长尼尔斯・杰恩（Niels Jerne）发明的红细胞筛选抗体技术也带了进来，然后将能够分泌单个抗体的浆细胞和可以无限增殖的骨髓瘤细胞进行融合，形成了一个杂交瘤细胞。如果这个融合细胞能够分泌单一抗体杀死红细胞，那么就代表实验成功了。所以，在检测结果时，他异常紧张，并且说服自己的妻子和他一起观察实验结果，当他们一起观察到红细胞中出现溶血斑块时，他们知道他们的实验成功了，首个可以分泌单个抗体且无限生长的杂交瘤细胞就此诞生。此时，他才 29 岁。之后，他又回到之前的研究所，开始独立研究，但是在一次实验室事故中，他因吸入大量烟雾不幸离世，年仅 49 岁。杂交瘤技术的产生极大地推动了医学和生命科学的发展，并为多种临床疾病的治疗带来了希望，科勒尔的一生虽短暂，却是辉煌的。杰恩、米尔斯坦、科勒尔 3 人也因此荣获 1984 年的诺贝尔生理学或医学奖。

当然，杂交瘤技术也只是肿瘤细胞对人类的贡献之一，在下一章节，我们将继续介绍肿瘤细胞的另一个巨大贡献。

16 肿瘤细胞的永生

如果问细胞史上最有名的事件有哪些，那是有很多的，但是如果问细胞史上最有名的细胞是什么，那一定非海拉细胞莫属。海拉细胞不但经常出现在纽约时报等知名媒体平台上，而且还有多本书籍对其进行了专门介绍，其中最具代表性的《永生的海拉细胞》还被拍摄成电影。当然，除了海拉细胞本身的价值以外，人们更关心的是海拉细胞背后的故事以及衍生出来的医学伦理争论。

在说海拉细胞之前，有两件事不得不再提一次。一是海弗利克极限，二是卡雷尔的鸡心肌细胞。在海弗利克之前，领域内的共识是从体内分离出来的细胞在体外进行培养时，是可以无限分裂和传代下去的。然而，海弗利克发现，所有的细胞几乎都只能扩增到一定的代数，再往后基本上只会把细胞逼上死路，这便是大名鼎鼎的海弗利克极限。这一细胞规律的发现让人们认识到，不但生物个体的寿命有限，其含有的细胞也是如此。然而，世事总有例外，有些细胞在体外培养扩增达到海弗利克极限后，确实可以存活下来，并且可以无限地生长，从而实现了永生。法国科学家卡雷尔就发现鸡胚胎期分离得到的心肌细胞可以在体外无限生长,从而为人类获得永生细胞开启了上帝之门。当时,整个英国,乃至世界,都为这一发现惊叹不已。但是,名气并不代表科学真理,后来的研究表明，这一发现无法被重复。由此可见，诺贝尔奖的成果也不见得全都经得住历史的考验，因此，人们不能迷信诺贝尔奖，无论是科学家本身，还是普通民众。当然，在卡雷尔之后不久，科学家确实建立了可以永生的细胞，但基本都是动物的细胞，比如小鼠、仓鼠或猴子，人来源的细胞一直未能实现永生。因此，人源细胞的永生是那个年代的科学家们所追求的目标。

海拉细胞之所以叫海拉，是因为它源自一位名叫海瑞塔·拉克丝（Henrietta Lacks）的黑人妇女。拉克丝于 1921 年 8 月 1 日出生于美国弗吉尼亚州诺阿诺克市，生活在美国马里兰州。童年时，她和外祖父生活在一起，这是一块生产烟草的农场。由于生活的艰辛，拉克丝除了每天都得在四点钟起床，然后挤牛奶、喂鸡和喂马，还得拾掇烟草垛，来自烟草中的尼古丁时常扎得她满手刺痛。好在生活并不孤单，无论是干农活，还是玩耍，长她 5 岁的表哥一直相伴左右。虽然对他们俩来说，生活并不算惬意，但也是两小无猜，青梅竹马。到了该谈婚论嫁的年龄，两人自然而然地走到了一起。他们结婚那年正好赶上日本轰炸美国珍珠港，战争的爆发在一定程度上刺激了烟草行业的繁荣，因此，他们的工作也更加忙碌起来。婚后，她成了一位善良可亲的妻子和拥有多个可爱子女的母亲。然而，随着年龄的增长，拉克丝在和自己的子女享受天伦之乐以及和自己最亲近的表妹一次次欣赏夕阳风景时，时常会感受到来自体内的疼痛。这种疼痛持续不断地折磨着她，让她日渐消瘦。在家人的反复规劝下，她答应会去医院检查身体。天下的母亲都是一样的，天下的穷人也是一样的。即便是在美国，穷人最先想到的也是利用仅有的经济收入照顾好自己的子女，哪怕生病了，也尽量不去医院，这和我们国家农村地区的很多家庭和母亲是何其相似。

直至 1951 年，由于无法忍受的疼痛，拉克丝在安排好家人生活起居后，独自一人驾车来到了约翰霍普金斯大学附属医院的门诊楼前。该大学在美国赫赫有名，由霍普金斯出资建立，主要培养临床医学和基础医学研究均见长的双料医生。接诊拉克丝的是位外科医生，根据检查结果，拉克丝被明确地诊断为宫颈癌。很快，她被安排进行了手术，手术切除的宫颈癌组织样本被送往乔治・盖伊（George Gey）的实验室。盖伊博士一直试图从患者的组织样本中分离得到细胞，并将其扩增和传代下去，希望能够得到无限扩增的人源细胞。因此，只要医院有合适的临床标本，他都会拿来一试。这一次，他也没有对拉克丝的宫颈癌样本抱有太多的期望，只是按照之前的标准步骤，开始消化、分离、培养、传代和观察。不幸的是，拉克丝的病情并没有因为手术而缓解，为此，医院进一步对她进行了放射治疗。当时的技术条件并不成熟，不像当今的放疗方案，采用全身放疗或局部精准放疗，而是将具有放射性的金属块放置于特定的管子后，塞进宫颈处，达到治疗目的。也许是治疗方案本身就不完善，也许是病情已经恶化到无法挽回，在入院 6 个月后，拉克丝永远地离开了她的孩子们

和亲人们，远离病痛而去。

拉克丝虽然走了，盖伊博士的实验却没有因此而停止，他反而看到了令他非常欣喜的现象。从拉克丝身体里分离得到的宫颈癌细胞不但生长迅速，而且可以不断地传代下去，并没有一丝一毫停止生长的意愿。盖伊明白，他终于培养出了一株可以永生化的人源细胞，他的实验成功了。为了纪念这株细胞的来源，他从拉克丝的姓和名中各取了前两个字母，将其取名为海拉。永生化的海拉细胞的获得，不仅仅是盖伊的成功以及约翰霍普金斯大学的成功，也是学术界的荣耀，很快，它走向了工业界，并为全世界提供了源源不断的、可以开展无数实验的人源细胞。

精明的药厂很快从霍普金斯大学那里获得了海拉细胞的专利权和使用权，并迅速建立起了人类史上第一个细胞工厂。在细胞工厂里，巨大的搅拌式培养系统取代了实验室里小打小闹的培养瓶或培养皿，数以千升的培养液被消耗掉，数以千吨的海拉细胞被生产出来，打包进经得起长途运输的冻存管或培养瓶内。它们或被赠送给科研机构，或被以数十、数百美元的价格卖给制药工厂。海拉细胞从医院走向工厂，从一个小镇走向全美，并走向了世界上大大小小的机构，完成了华丽的转变。

借助这些永生的海拉细胞，研究人员立马开展针对当时无药可治的脊髓灰质炎的研究，取得了积极的效果。脊髓灰质炎是由病毒感染引起的传染病，主要侵犯中枢神经系统，严重时可导致瘫痪，患者多为儿童，因此，脊髓灰质炎也被称为小儿麻痹症。由于脊髓灰质炎缺乏有效的治疗方式，因此，预防才是唯一的希望。然而，当时缺乏有效的预防手段，美国儿童正在严重遭受脊髓灰质炎的侵扰。虽然科学家已经研发出了针对该病毒的疫苗，但是当时缺乏有效的验证手段，一直未能大面积推广和使用。幸运的是，当有了第一株永生人源的细胞，人们第一时间利用脊髓灰质炎病毒感染了海拉细胞，发现该病毒可以很好地感染这些细胞，基于这些感染后的细胞，确认已经生产的疫苗不但具有较好的安全性，而且可以有效地抑制细胞中的病毒，从而坚定了在人群中推广该疫苗的决心。正是基于大规模的疫苗接种，不但在美国，而且在全世界范围内，目前几乎已经消除了脊髓灰质炎对人类的威胁，而在这一过程中，海拉细胞绝对功不可没。紧接其后，科学家们陆陆续续检测了其他病毒感染海拉细胞的能力，比如麻疹病毒、疱疹病毒以及人乳头状瘤病毒等，从而掀开了现代病毒学研究的序幕。除了病毒领域的研究，海拉细胞还随苏联的卫星以及美国国家航空航天局的航天飞机进入太空，成为第一株飞往太空的人类细胞，用以检测太空环境对人类细胞生长的影响，为利用太空环境治疗疾病以及未来人类移民太空奠定了基础。

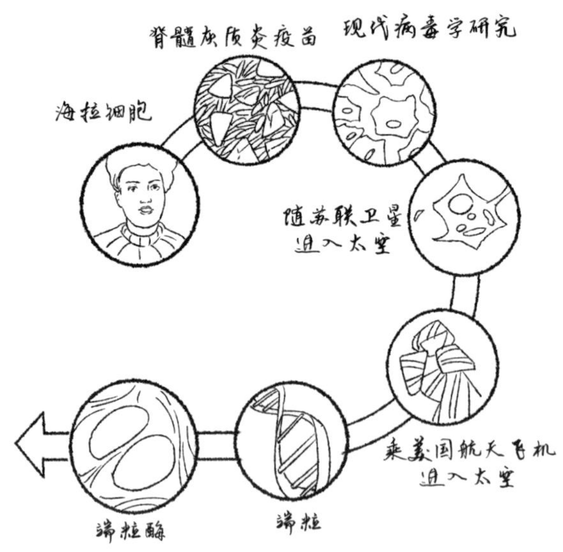

除此以外，海拉细胞的另一个重要特性也为人类探索永生的

秘密提供了重要的研究材料。通过研究发现，这类细胞之所以能够一直生长下去，越过海弗利克极限的重要原因在于其体内激活了一种特殊的酶，名为端粒酶。端粒是一种保护细胞核内的染色体稳定的重要结构，如同给染色体戴了帽子，如果没有这个帽子，染色体随着细胞分裂就会一次又一次地变短，细胞的寿命也会随着染色体的变短而逐渐逝去。而端粒酶的存在就可以防止端粒变短，从而使细胞一直延续下去。当然，对于细胞的新老交替，我们在前文已经讨论过，适合生理和发育需求的细胞更新，对于维持组织或器官的功能是必须的，也是有益的，如果出现异常，则会导致肿瘤的发生。因此，如何能够平衡细胞的死亡和永生，更好地服务于人类再生或者延年益寿，还需要进一步的探索。虽然路漫漫其修远兮，但是海拉细胞中端粒酶的发现，还是为人们提供了一丝前进的亮光。

大半个世纪过去了，海拉细胞依旧为现代科学研究贡献着力量，每年涉及海拉细胞的论文数以千计，并且这一数字仍在呈火箭式增长。借助现代科学技术的发展，我们终于弄清楚为什么海拉细胞可以永生化，主要是因为海拉本人感染了人乳头状瘤病毒，这是诱导宫颈癌的元凶，病毒将其致癌基因插入到正常宫颈细胞的遗传基因中，从而导致了细胞的癌变以及永生化。

永生化的海拉细胞改变了医学界，改变了科研界，也改变了很多人的命运。巨额的财富伴随海拉细胞一代又一代的扩增，源源不断地流进了企业和资本家的口袋。然而，拉克丝本人以及她的家人却未曾获得一分，他们甚至都不知道他们的母亲或妻子的细胞还存活在这个世上。当研究人员开始研究海拉细胞的遗传特性，要求拉克丝的子女捐献血液，以便分析其家族遗传史，这层薄薄的窗户纸才被捅破，拉克丝的亲人们开始了艰辛的维权之路。

维权之利有很多种，也许是金钱，也许是荣誉，也许是其他，对于拉克丝的子女来说，也许更想知道他们的母亲是否还活着。对于一个普通人来说，当亲人逝去，又被告知还活着的时候，他们的内心肯定充满了困惑和惊喜，他们甚至都不清楚什么是细胞。当他们被告知，只是从他们母亲体内肿瘤中分离出来的细胞活下来时，他们依旧理解为母亲还活着。当他们戴着厚厚的手套，捧着刚刚从液氮中取出的、冻存有海拉细胞的冻存管，看着升起的雾气时，他们觉得是那么的温暖，就像熟睡的母亲犹如婴儿般躺在自己的手心。研究人员将海拉细胞的荧光照片冲洗出来，放在相框里，送给他们，他们将照片挂在家中的墙壁上，母亲像是星空中的闪亮星星，就在那里一直注视他们，陪伴他们。在此之后，盖伊成立了海拉基金会，在首次成立的年会上，拉克丝的后人受邀，在会上介绍了她的生平。当他们知道他们的母亲仍旧受到那么多人的尊敬和关注，对于他们来说也是一种释怀。除此之外，基金会还在拉克丝的家乡修建了纪念馆，里面陈列了拉克丝的纪念物和照片。当然，以上事件均发生在维权之后，算是比较积极的一面。

维权的另一面往往是痛苦的，拉克丝的亲人们并没有得到应有的经济补偿，但相关公司已经赚得盆满钵满，约翰霍普金斯大学也从专利转让中获得了利益。至于为什么拉克丝的家人无法从中获取经济补偿，主要原因是当时的科研伦理尚不完善，并没有签署临床标本使用的知情同意书。医生默认拉克丝同意了组织捐献，用于科学研究和后期潜在的商业应用，更何况这是一块对她本人和家人来说毫无意义的、废弃的、恶心的肉块。直至2020年，在近70年之后，拉克丝的家人才争取到应有的补偿款。事实上，当时美国医疗界最大的科研伦理争议或者说丑闻，便是医院在已

有梅毒治疗药物的前提下，收集患者开展试验，对部分患者进行治疗，部分患者不进行治疗，从而导致众多的受试患者后期惨死，而且多数是非洲裔美国人。在一定程度上，这件丑闻导致民众不信任医院，甚至导致了黑人运动紧张气氛的升级。

即便在今天，虽然医院已经有了知情同意书，患者的组织样本还是会遭到滥用或者被商业化使用，如何避免类似悲剧再次发生，可能是时时刻刻摆在临床医生以及科学家面前的问题。组织样本如此，细胞如此，生物活性成分也是如此，特别是普通百姓还未了解，却已牵涉到个人隐私的遗传信息更是如此。如今，各个国家已经认识到了人类遗传资源保护的重要性，国与国之间的流通似乎已经规范，但是如何防止个人的生物资源和生物信息被商业化利用，仍旧属于缺少监管的灰色地带。

千百年来，肿瘤一直被认为是人类的敌人，只有少数种类的肿瘤细胞被我们驯化，并服务于现代生物产业。但是肿瘤细胞是否还具有其他的用途，我们尚不清楚。正如地球上对物种多样性的保护，很多生物，无论是动物，还是植物，在我们人类还未认识到它的存在以及重要价值时，已经悄悄地从地球上溜走了。要知道，自地球生物诞生之时起，所有的生物之间都在相互影响，存在着某种平衡。虽说一个物种的消失不一定会产生蝴蝶效应，但是人类在某天想要认识或利用它时，就会追悔莫及。对于自然进化中产生的肿瘤，每一个肿瘤细胞中都蕴藏着细胞应对外界刺激或压迫而产生的自发突变信息，好比人类为了育种，利用人工辐照或者太空辐照等方式使植物细胞或种子发生突变。当然，后者是一个向好的方向，但也是在千万例不利样本中寻求好的一例。因此，能否模仿人工育种，从亿万次的肿瘤细胞自发突变中寻求对人类有用的信息，也许是将来重要的资源，只是以现在的认识水平，我们还不能认识到它的重要性。因此，建立人类肿瘤细胞的遗传资源库，为这些隐藏的秘密搭建一个永久的仓库，也许是实现肿瘤细胞永生的另外一条途径。

由于肿瘤细胞的永生具有如此重要的作用，而且相对于正常组织分离得到的细胞更容易获得永生的能力，在海拉细胞的建立获得成功后，人们几乎已经针对所有类型的肿瘤建立了相应的肿瘤细胞系。当然，这些永生的肿瘤细胞中，有的是从不同瘤体组织中直接分离和筛选而来，有的则采用遗传操作的方法，利用病毒直接对肿瘤细胞进行体外感染，然后强行达到永生的目的，其中，最常使用的病毒便是猴空泡病毒40。这是一种极强的病毒，不但可以促使肿瘤细胞永生，而且对正常细胞也具有同样强烈的作用。这些永生的肿瘤细胞，不但为广泛研究不同肿瘤细胞的生物学特性，开发抑制肿瘤细胞生长、诱导肿瘤细胞死亡的药物和方法提供了可操作的原材料，而且为研发组织再生的细胞疗法提供了新的思路。

我们在介绍血细胞家族的成员时，已经提到血液中的红细胞具有重要的输送氧气功能，但是红细胞没有细胞核，因此，人们没有办法通过红细胞扩增来获得更多的红细胞。目前，临床上主要依靠志愿者献血，然后将红细胞分离出来，用于后期的成分输血。外伤导致的大出血往往需要输注大量红细胞，鉴于红细胞的巨大临床需求，如何获得足够多的红细胞，已经成为一个国家的战略需求。基于肿瘤细胞永生的启发，科学家们正在尝试将可以产生红细胞的小祖宗进行永生化处理，我们把这些小祖宗称为红细胞祖细胞，它也是造血干细胞的后代，只不过它只能进一步变为红细胞，而不能变为其他的血细胞。红细胞祖细胞虽然拥有细胞核，可以进行分裂和扩增，但它还是无法逃脱海弗利克极限，犹如地球无法逃离太阳系一般，因此，这些祖细胞产生红细胞的能力也是有限的。如果我们将这些祖细胞进行永生化处理，比如感染能力强大的猴空泡病毒 40，就可以建立永生的红细胞祖细胞系，进一步采用工业化的细胞培养体系，使红细胞的获得从有限的献血获得法直接转向工厂化无限生产模式，一劳永逸地解决了用于临床治疗的红细胞来源问题。目前，这一方法已经取得了可喜的进展，如果能够保证这些生产出来的红细胞的安全性，在未来的几年之内，一定会有患者受益于这些新技术。

17 千奇百怪的生物

说了这么多关于细胞的种种以及干细胞的诱人治疗前景，但是对于普通读者来说，细胞还是摸不着、看不见的东西，那么有没有什么好办法可以让大家真实地感受到细胞的存在和干细胞的魅力呢？这里就给大家介绍一些自然界中我们容易接触到的动物，以及细胞在它们体内的神奇作用。

在炎炎夏日，白天知了和苍蝇的振翅声不绝于耳，仿佛一切都淹没在吱吱声和嗡嗡声中；傍晚，成群的燕子和蝙蝠在低空来回盘旋；晚上，最为恼人的便是在耳边嘤嘤嘤还吸血的蚊子。除了这些明眼人都能观察到的动物以外，其实，还有一群经常在夏天活动的小动物离我们非常近，乃至家里的墙壁上也能见到它们出没，这就

是壁虎。别看这些四脚蛇身体小巧，本事却不小。除了在屋子里吃蚊子，消灭害虫，它们还有一项独门绝技，那就是断尾求生。虽然它们的移动速度很快，但是毕竟个头太小，很容易受到其他动物的捕杀。为了躲避追杀，它们会在关键的时刻断开自己的尾巴，离体的尾巴会一直在那里跳动，吸引天敌的注意力，它们则会趁着来之不易的短暂时机迅速逃离。虽然丢失了一根尾巴，但是不用担心，没过多久，一条新的尾巴又会长出来。为什么壁虎能长出新尾巴呢？又是怎么长出来的呢？这主要归功于它们体内各类细胞的分工明确和相互合作，在这过程中既有免疫细胞，也有肌肉细胞和神经细胞等参与。在缺少尾巴的刺激下，这些细胞会迅速抱团，极速地增殖和生长，并且按照商量好的策略，非常默契地履行各自的职责，该修复肌肉的去修复肌肉，该修复皮肤的去修复皮肤，该修复血管的去修复血管。虽然不能一天完成，但是随着时间的推移，细胞一天天地增多，组织一天天地成型，最终长成一条完整的、崭新的尾巴。

除了壁虎，还有一类小动物的尾巴也具有再生能力，它便是

斑马鱼。这种热带小鱼体长不过三五厘米，身体从尾部到头部有着一条条黑色条带，和斑马的花纹极其类似，故名斑马鱼。但是斑马鱼的尾巴可不会自己断开哦，只有在受到其他动物攻击或者人为损伤的情况下，才会断开，而且受损的尾巴通常都会重新长出来。作为一种常见的观赏小鱼，你完全可以从市场上购买，养在小鱼缸里，这时你就可以拿上一把剪刀，试试把它们的小尾巴剪去一截，然后每天观察，看看斑马鱼的尾巴能不能再生。当然，也不能剪得太厉害，如果离根部太近的话，可能就观察不到了。因为斑马鱼的尾部再生依赖于残留在尾部的细胞进行扩增和生长，如果连残留的种子细胞都没有了，那当然不可以再生了。除了尾巴可以再生，斑马鱼还比壁虎多了一项本领，那就是心脏损伤后的修复和再生。对于壁虎和人类来说，一旦心脏受到损伤，哪怕是微小的、局部的细胞发生了死亡或缺失，都会导致严重的症状。而且一旦这类细胞丢失，就没有办法再重新产生新的细胞。但斑马鱼则不同，如果它们的心脏受到并非即刻毙命的伤害，如同它们的神奇尾巴一样，过一段时间，受损位置周边的心脏细胞又会重新开始生长，填补缺损的心脏部位，从而躲过致命一劫。

水生生物中具有再生能力的动物，无论是在能力上，还是在数量上都远远高于陆上生物。相较于前面提到的斑马鱼，海星的再生能力更胜一筹。2021 年春天，发生在我国山东青岛的一件怪事曾引起大家的广泛讨论，怪事的主角分别是蛤蜊和海星。原本，蛤蜊是当地渔民人工养殖的重要海产之一，本该到了收获的季节，却发现一网撒下去，只见海星，未见蛤蜊。当然，是否能算因祸得福，还得仁者见仁，智者见智，因为蛤蜊算得上美味，海星也是不常见的珍馐。那么，为什么会发生海星泛滥呢？可能的原因有很多，比如成年海星的繁殖能力超强，很少有天敌。另

一个重要的原因在于，作为一个拥有 5 个触角，外形酷似五角星的海中生物，其坚硬且斑点突出的外壳下主要是生殖腺。一旦一个触手丢失，不久之后又会重新生长出一个完整的新触手，而且 5 个触手都具有再生的能力。可见，看似不堪一击的萌宠小海星其实暗藏小宇宙，天生拥有强大的生存能力。

蝾螈是生活于山林溪流里的两栖类动物，也是一种低等且具有一定组织再生能力的动物。它们的特异功能主要体现在四肢上，当前肢或后肢被截去之后，残存的部位会形成一团肉糊糊一样的组织，紧接着变成一个小肉芽。别小看这个肉芽哦，里面可正在发生比壁虎尾巴再生更为复杂的细胞活动。因为需要支撑整个身体的前行，所以四肢中的骨骼是必不可少的，尤其是四肢末端的足具有更为特异的分支形态，这些都为再生带来了更为苛刻的挑战。而在损伤部位的肉芽内，所有类型的细胞，包括骨骼细胞在内，一边生长，一边互相协作，按照原有的四肢结构，在不同的长短部位精准地构建组织，直至末端足趾完成。生活在钢筋森林城市里的我们，如果哪天看看那些高楼大厦如何拔地而起，就会发现在高楼成长的过程中，顶端会被一台大机器包裹着，随着楼层的升高，这台机器也如同帽子般一点点地往上抬升，直至最后的封顶竣工。这一过程像极了蝾螈的四肢再生。

如果蝾螈的本领已经让你目瞪口呆的话，那么接下来要介绍的小家伙绝对会让你惊掉下巴。据说把它们的身体剁成肉泥后，每一个肉泥块都会变成一个完整的身体，是不是不可思议，有没有一点终结者的味道呢？而这个小家伙绝对不是来自未来的生物，而是已经在地球上生活了上万年的涡虫。涡虫其貌不扬，三角形的脑袋上镶嵌着两颗菜籽粒大小的眼睛，扁平且白色的身体只有两三厘米长，最后拖着一个不长不短的小尾巴。人们是如何发现涡虫的能力的呢？这得从涡虫遭受的各种酷刑开始说起了。首先，当我们对其当头一刀，它们不但不会被劈死，反而在几天之后，被劈成两半的脑袋会分别变成两个完整的头，只是共用了一个身体和尾巴罢了，如同连体婴儿或双头蛇。而这只是刚刚开始，如果用刀片或剪刀将其从头到尾地剪切成十来段，是不是比五马分尸的酷刑还残忍啊？别急，若干天后，你会发现，每一个被切下来的身段，无论是头部、身体部位，还是尾巴部分，最后统统变成了一个个活生生且完整的涡虫。简直就是孙悟空的毫毛啊，一个涡虫一下变成了十来个涡虫。当然，关于涡虫的超强再生能力还有待深入的研究，但大家公认的一点是，涡虫的每一个细胞都具有相对人体细胞来说更强的可塑性。一旦遇到受损刺激，这些细胞就会迅速地进入全新的排兵布阵状态，不再仅仅发挥之前局部组织的细胞功能，而是听从指挥，哪里有需要就到哪里，如同一个个特种兵身兼各种技能，可以是工兵，可以是炮兵，可以潜水，可以开飞机，也可以进行网络安全防护，只要有需要，就到哪里发挥作用。正是涡虫细胞的这种特殊性质，决定了涡虫具有超强的再生能力。

涡虫已经在再生方面展现出了惊人的力量，但对它来说，碎尸万段还是非常致命的。如果你由此怀疑自然界中的动物是否有这样的能力，那就大错特错了。大自然的创造能力远远超出我们的想象，我们常说，人外有人，天外有天，当你认为某件事已经不可思议的时候，其实还有更不可思议的事在等着我们去发现。所以，说完涡虫，就不得不说海绵了，一种真正可以碎尸万段后复活的生物。喜欢看动画片《海绵宝宝》的朋友们对海绵一定不会陌生吧，我们要说的就是海洋里的海绵。海绵是一种生活在海洋里的生物，幼年时候如同随风飘落的柳絮，长大以后真的如同家里洗碗的海绵。它们平时主要通过不断地吸入海水来过滤水中的微生物作为食物。即使一堆海绵在外力作用下被打散成单个的细胞，比碎尸万段还要粉碎，每一个细胞均会主动地聚拢，最终形成一个新的海绵宝宝。无论你怎么用人为的机械方法去蹂躏它们，哪怕是用匀浆机打成一团糨糊，最后还是会出现一个活泼可爱的海绵宝宝。这就是堪称拥有地球上迄今所知的最强再生能力的海绵，而它的秘诀就在于特殊的海绵细胞，虽然海绵本身是多细胞生物，但是它的细胞似乎又具有单细胞生物的特性，也就是说每一个细胞都如同一个独立的生命个体。

那么什么又是单细胞生物呢？之前提到的种种动物基本属于多细胞生物，言下之意这类动物个体都由多种且多个细胞组成，不同的细胞行使自己独特的功能，不同功能的细胞之间相互协作和互补，最后支撑起一个独立的生命体。而单细胞动物呢，顾名思义，这样的动物就只有一个细胞，一个细胞代表一个个体。其中，最具有代表性的动物当数草履虫。这是一种身体娇小的动物，从头到尾只有几十到几百微米长，相当于两根到十根头发丝并在一起的宽度。由于其体形看起来很像鞋底，而且边缘还有很多纤毛突出，如同以前百姓穿的草鞋，因此，在早期的命名中，科学家将其称为草履虫。因为只有一个细胞组成，所以草履虫不分雌雄，或者说是雌雄同体。我们之前把细胞质比作细胞的肚子，而对于草履虫来说，我们可以正儿八经地将细胞质称为肚子了。与动物细胞的肚子不同，草履虫的肚子里有两个细胞核，一大一小。在其身体的一侧，有一个凹陷的小口，这是它的嘴巴，它主要以水中的细菌作为食物。一只草履虫一个小时大概能够吃上近 2 000 个细菌，一天下来可以消灭 40 000 多个细菌。吃到肚子里的

细菌会以 30 个细菌为单位形成一个食物泡，在体内慢慢消化，一旦完成，便会从身体一端一个小孔排出体外。由于没有四肢，草履虫主要依靠身体周边的纤毛摆动来运动，从而在水中自由地游动。这些小家伙平时主要生活在稻田和小水沟中，因此，它们也算得上是水中的环境小卫士。

自然界中的单细胞生物除了草履虫，同样出名的还有臭名昭著的食脑虫。草履虫爱吃的细菌，其实也属于单细胞生物，虽然后者往往被归到微生物的范围，和细菌同级别的生物还有支原体和真菌等。接下来，我们将对这几个重量级的角色一一进行介绍。

食脑虫听起来就知道它是干什么的，它喜欢啃食动物的大脑组织，从而导致脑膜炎及脑组织坏死等，甚至引起感染机体的死亡。在人体中，第 1 例报道始于 20 世纪 60 年代的澳大利亚，我国则于 70 年代开始发现，此后每过几年发现一两例，迄今为止，报告病例最多的国家是美国。虽然该疾病听起来十分可怕，但是发病率极低，属于罕见病的范畴，大家不用过于担心。那么，食脑虫到底是什么，为什么这么恶毒呢？食脑虫是一种阿米巴原虫，全身也只有一个细胞，而且形态变化多端，又被称为变形虫。它的个头大小和草履虫差不多，但是身体透明，肚子里有细胞核和细胞质。它们通常生活在潮湿的土壤、江河湖泊以及死水中，所谓死水则是指长期未消毒使用的游泳池以及自来水管中的水等。对于那些喜欢在野外游泳的人，阿米巴原虫则会通过鼻孔进入体内，由于它具有嗜神经特性，一旦进入体内，就会沿着神经爬到脑组织当中，从而引起严重的神经感染，如果不及时治疗，就会一命呜呼。

提到细菌，大家一定不会陌生，尤其是在夏天，稍不小心就会拉肚子，这些都是拜细菌所赐，鼎鼎有名的便是大肠埃希菌（俗称“大肠杆菌”）。不但在我们的周边，细菌无处不在，就连我们的身上和身体内，细菌也是无孔不入。列文虎克利用他自制的显微镜所观察到的细胞，其中多数都是水中的细菌。而细菌这一词却是由德国人艾伦伯格于1828年提出的，来源于希腊语，原意为小棍子。除了杆状，细菌还有球状、螺旋状等各种形状，而且具体到每一种类型，又是千差万别。虽然形状差异较大，但是总体来说，细菌的身体结构却相差无几。不同于以上介绍的细胞，细菌肚子里没有细胞核，遗传物质裸露在细胞质中，但是在细胞膜的外面有一层结构复杂的细胞壁。不要小看这个不同于以往细胞的细胞壁，无论是细菌想要抓住其他细胞，还是想要在恶劣环境中活下来，都得依靠它。正是由于它的强大能力，在某种程度上导致了细菌的数目多到无法统计，而且其生活场所更是属于只有你想不到的，没有它不敢的，无论是常温下，还是冰冻刺骨的南北极冰层以及炙热如火的岩浆中，都有细菌的身影。一般来说，大家似乎都是谈菌色变，认为细菌都是些坏家伙，会导致各种感染，甚至可能致命。长久以来，青霉素的发现更被认为是人类医学史上最伟大的发现之一，治愈了多种细菌导致的疾病，而青霉素发挥作用的主要机制就在于破坏细菌的细胞壁。然而，事实上，正如人分好坏，细胞分正常和恶性，细菌也是如此。对于我们的身体来说，无论是体表的菌群，还是胃肠道里的菌群，绝大多数都在保护或者说辅助我们的身体健康，和我们处于一个共生的状态。不但如此，对于那些由于菌群失调导致的疾病，我们可以通过进食缺失的细菌来达到治疗的目的。

细菌中有一种名为蓝细菌的生物，虽然名为细菌，但更像是藻类，因此又被称为蓝藻。蓝藻的家族成员颇多，个头多为 10 微米，最大可达 70 微米，比如颤藻。虽然它们属于单细胞个体，但是有些还是喜欢群居，从而形成群体或丝状体结构，比如念珠藻和项圈藻。一到夏天，很多水塘、水沟，乃至一些被污染的大江大河都会生成大量的藻类，比如江苏太湖以及云南昆明滇池都曾发生过藻类泛滥的情况，这其中就有蓝藻。与细菌稍显不同的是，蓝藻细胞壁的外面又多了一层称为鞘的结构，其主要由酸性的糖和果胶等物质组成，对抵抗更加恶劣的外部环境至关重要。蓝藻肚子里有叶绿素和蓝藻素，这也是它们呈现出蓝绿色的原因。当然，也有些蓝藻体内含有其他色素，如红色色素和黄色色素等，从而呈现出相应的色彩。其中，提到叶绿素，很多人都知道它是植物中产生光合作用的场所，对于蓝藻来说，功能也差不多。虽然有些细菌也能利用阳光进行光合作用，但是它们只能生成有机物，不能吐出氧气，而蓝藻中的光合作用则完全效仿了植物细胞的光合作用，既能合成营养物质，也能释放氧气。从这一点说，蓝藻更加接近于植物细胞，只不过前者是能动的单细胞生物，而后者则是不能动的多细胞生物。

和细菌相似，支原体也是一种没有细胞核的单细胞生物，而且对于体外培养的动物细胞来说，支原体也是避之不及的家伙，一旦出现，简直就是噩梦。支原体的个头也和细菌接近，形态虽然以圆形为主，但是它没有细胞壁，只有细胞膜，因此它的体形通常会

发生较大的变形，也因此，它的感染能力远远低于细菌，通常喜欢感染人泌尿和生殖系统的细胞，导致尿道炎和宫颈炎等疾病。直到1989年，支原体才被发现。由于缺乏细胞壁，破坏细胞壁的抗生素，比如青霉素，对于支原体来说一点杀伤力也没有。但是对付它们，也不是一点招也没有，其他不是破坏细胞壁，而是破坏细胞膜及膜上蛋白质的抗生素还是具有很强的杀伤能力的，比如红霉素、链霉素和四环素等。大家不一定了解这些抗生素，但是对于最后一个，大家一定有所耳闻，尤其是四环素牙，就是由于长期服用这个抗生素导致色素在牙齿上沉着，引发牙齿发黄。

接下来，我们来聊一聊酵母。它与我们的生活密切相关，无论是大家爱吃的馒头，还是爱喝的啤酒，都离不开酵母的身影。酵母属于真菌家族，什么是真菌呢？说白话点就是蘑菇大家庭，其早期的名称也来自拉丁文的蘑菇一词。当然，这个大家庭成员众多，酵母只是其中一个长相椭圆的分支，分支中还包括霉菌，这里的霉菌就是变质食物中出现的丝状的霉。真菌的细胞膜外具有细胞壁，但是其组成成分不同于细菌的细胞壁，更类似于我们下一章节要介绍的植物细胞的细胞壁，主要由甲壳质和纤维素构成；它的肚子里不但有细胞核，还有其他常见的细胞器，比如线粒体、内质网和溶酶体等。虽然真菌具有细胞壁，但由于其成分的单一性，它们很少致病，反而在我们的日常生活中发挥着重要作用，除了刚刚提到的面食和啤酒中的酵母，霉菌也在各种食物制作中大显身手，从四川郫县豆瓣酱到浙江金华火腿，都少不了它们的参与。正是这些真菌，才最终得以形成各种人间珍馐，满足各位老饕们的味蕾。

以上提到的生物，无论是多细胞生物，还是单细胞生物，都是拥有细胞形态的生命个体。地球上还有一种生命体，几乎诞生于地球生成之初，并且伴随人类走过了亿万年，但是它们却并不具有我们提到的典型细胞形态，严格来说，只能算是一些有机物质的简单组合，这便是病毒。病毒很小，小到利用我们常规的光学显微镜也无法观察到，必须借助于更厉害的电子显微镜才能看到它们的模糊形象和存在。但是如果将它们的个头放大到肉眼能够观察的大小，我们就会发现它们的形态千奇百怪。有的病毒看起来像一台机器，有的像科幻电影中外星人的飞船，拥有极其对称的几何结构，即便是最厉害的数学家也很难凭空想象和构造出来。这些病毒的组成物质中有蛋白质，也有遗传物质核酸；而有些病毒却只有简简单单的一段核酸物质，我们称为类病毒；还有一些病毒只是一小段不起眼的蛋白质，我们称为朊病毒。病毒的个头虽小，而且它们的生存和繁殖必须依赖于细胞，但总体来说，病毒算得上是潘多拉盒子中释放出来的恶魔。如果细菌还能说有好有坏，病毒对于人来说，可谓百害而无一利，从各种传染病到铺天盖地的瘟疫，从局部的感染到致命肿瘤的产生，都离不开它们的身影。尤其是刚刚经历了全球新冠病毒肆虐的我们，对病毒只有恨，没有爱。然而，新冠病毒只能算是导致人类生病的小角色，更为致命的病毒，比如埃博拉病毒，更是躲在暗处窥探，让我们防不胜防。

为了研究这些致命的小家伙，科学家需要进一步提高细胞培养间的安全等级。目前，国际上将细胞培养间的安全等级分为四档，从一到四，数字越大，对安全性的要求就越高。常规进行动物细胞培养的实验室等级为二，如果涉及具有一定强度传染性的病毒培养，比如新冠病毒，其等级至少为三，培养埃博拉病毒的实验室等级最高。在最高的等级中，所有进出这个房间的物品和气体都必须经过完完全全的过滤和消毒，否则，一场灾难定会在悄无声息中发生。

18 植物细胞也疯狂

当介绍完了动物细胞的故事之后，作为地球上几乎占据半壁江山的植物，该轮到它们的细胞上场了。正如本书第一章节所介绍的，细胞的发现最早正是来源于对植物的观察。总体而言，植物细胞和动物细胞之间没有太大的区别，无论是细胞膜，还是细胞质、细胞核和细胞器，基本都比较类似，最大的区别在于植物细胞在细胞膜外多了一层细胞壁。其实，胡克所观察到的细胞结构就是这些细胞壁结构。细胞壁如同铜墙铁壁一般，可以牢牢地将细胞固定在一个位置，限制细胞的移动，这算是动物细胞和植物细胞的主要特征差异吧。同时也解释了为什么动物可以自主运动，而植物是固定不动的，至少不会主动去动。

那么，什么是细胞壁呢？如同动物细胞的胞外基质，细胞壁就是植物细胞的胞外基质，只是两者的成分不同，后者以纤维素居多，从而形成植物细胞的保护壳。最能直接感受纤维素的方式就是吃老芹菜或老莴苣，经常塞进牙缝的物质便是细小的纤维素聚合连接在一起所形成的肉眼可见的纤维。正是这些纤维赋予了植物屹立挺拔、不畏风雨的身材，同时也决定了其不可活动的命运。虽然对于植物自身来说，它只是起到了支撑作用，对于人类来说，它也会因为塞牙缝而遭人嫌弃，但是对于食草动物来说，它们可是绝佳的美食。那么，纤维素到底是什么物质呢？究其本质，它是由小小的糖分子一个一个连接起来形成的长链状形态，这些糖主要有葡萄糖，还有少量半乳糖和木糖。因此，对于食草动物来说，一旦食入，将纤维素消化成单分子的糖，它们便是可以提供能量的物质。至于这些动物能不能吃到甜味，估计是不能的，因为消化发生在胃里，而不是口腔里，因此，感知美味的舌头是无法及时享受到的。但是那些反刍动物，比如牛和骆驼等，也许能体验到一丝回甘的感觉。

那么，细胞壁在塑造植物细胞形态方面到底如何呢，是否会限制细胞的变化，导致植物细胞缺乏犹如动物细胞那般的万千姿态呢？事实上，细胞壁也是一位具有鬼斧神工之力的能工巧匠。作为一个线条的塑造者，它赋予了植物细胞有棱有角的硬朗特征，若将细胞从中切开，切面多数呈现出多边形，有四边形、五边形、六边形，甚至更多。植物从下到上最主要的三个结构依次为根部、树干和树叶，每个部分的细胞形态之间既有类似性，又存在很大区别。其中，根部细胞的细胞壁有厚有薄，树干中的细胞则更显修长且首尾相连，往往凑成极其细长的导管，将根部吸收的水分源源不断地往上输送。在塑造细胞形态方面，植物细胞肚子里的另一个特殊细胞器液泡，不但在储存水分中发挥作用，更是赋予了细胞千变万幻的色彩。由于液泡里储存了五颜六色的色素，一到秋天，便使叶片中的细胞呈现出令人着迷的色调，无数艺术家为此竞折腰，留下了无数与此相关的绘画珍品，例如文森特·梵高的《秋天的风景》、尼古拉·波兹德涅夫的《秋日》和托马斯·科尔的《尼亚加拉大瀑布远景》等。讲到这里，大家一定要问了，叶片中最常见的绿色也是液泡中的色素所致吗？这个问题的答案会在后面的段落中揭晓。叶片中的细胞还有一个比较特殊的地方，那就是细胞的排列，如果大家捡起一片叶子，不仔细看的话，一定会认为这是一片没有空隙的结构。事实上，如果你瞪大眼睛，凑近一点，或者利用放大镜去观察的话，会看到上面有很多小孔，如同我们皮肤上的毛孔。而这些小孔就是叶片用来呼吸的通道，每一个小孔都是由几个细胞围成一圈，中间包裹两个互相拱起且面对面的细胞，从而形成一个空隙。如果大家将双手手掌拱起，然后掌心对掌心，就形成了一个放大版的叶片气孔。

对于植物细胞，有一个几乎人人都爱问的问题，花粉是不是一个细胞呢？正如针对动物细胞，大家都爱问，鸡蛋是不是一个细胞呢？花粉的作用类似于动物中的雄性生殖细胞，在不同的植物中，花粉呈现出不同的结构，如果利用显微镜进行观察的话，可谓精美绝伦。每一粒花粉内部主要由两个细胞组成，其中一个是用来造就后代的生殖细胞，还有一个是提供养分的营养细胞，而且后者往往包裹着前者。

植物细胞有别于动物细胞的另一个重要特征是其含有叶绿体，因而叶片呈现出绿色。作为细胞质内最重要的细胞器之一，叶绿体的主要功能就是进行光合作用，将光变成细胞可以利用的能量，同时将水和空气中的二氧化碳转变为植物细胞生长所需的营养物质，并释放出氧气。不要小看上面简单的一句话所概括的内容，为了得出这个结论，人类整整经历了两个多世纪的观察和努力。

1771 年，英国的约瑟夫·普利斯特利（Joseph Priestley）发现，在一个密闭的玻璃罐子里点燃一根蜡烛会消耗罐子里的空气，从而导致蜡烛熄灭，并且里面的小鼠也会很快死亡，但是如果在罐子里放置一盆植物，植物不但不会死，而且在适宜条件下还能开花。在后期的进一步研究中，他确定了维持生命的气体是由植物释放出来的氧气。1779 年，来自荷兰的简·英格豪斯（Jan Ingenhousz）进一步发现普利斯特利实验中的植物依赖于两种条件，一是光，二是它的绿色叶片。此后，虽然大家陆陆续续地发现植物可以利用光把水和二氧化碳等物质转变为有机物质，但是对于其发生的机制还是不了解。直至 19 世纪初，德国人理查德·维尔斯特（Richard Willstätter）发现叶绿素在其中的重要作用。维尔斯特于 1872 年 8 月 13 日出生于德国巴登，18 岁进入慕尼黑大学，在诺贝尔奖获得者拜耳的门下主攻化学，并且一待就是 15 年，从学生身份转变为讲师身份。此时，他的主要研究方向是植物中的生物碱，比如它们的结构以及合成过程，臭名昭著的可卡因就是生物碱家族的成员之一。在积累了十余年的经验之后，他感到这些研究过于肤浅，想挑战一些高难度的研究项目，比如植物中的色素成分。为此，在 33 岁的时候，他跳槽来到了位于瑞士苏黎世的联邦科技学院，并在那里学习化学方法，7 年时间晃眼即过，他既有专业上的收获，也经历了生活上的不幸，可谓有喜有悲。回国之后，他在柏林大学建立了自己的独立研究小组，并且在自己感兴趣的植物色素研究领域取得了积极的进展。尤其是在第一次世界大战开始前的两年里，他的科研成果丰硕，不但搞明白了植物细胞中的叶绿素是什么及其功能，也顺手研究了动物细胞中的血红素，关于前者的研究更是让他荣获了 1915 年的诺贝尔化学奖。虽然取得了骄人的成绩，但是当时反犹太主义盛行，他很早就结束了自己的研究生涯，在 53 岁时便退休在家，除了几个学生，很少和他人打交道。叶绿素的结构在 1940 年被汉斯·费舍尔（Hans Fischer）所解析，费舍尔也是一位诺贝尔化学奖获得者，但是他得奖是在 10 年前，原因在于对另一种重要化学物质血红素的结构和功能的解析。

与此同时，英国的罗伯特·希尔（Robert Hill）发现植物细胞中发生的光解作用和二氧化碳的固定是分开发生的两个独立事件。此后，梅尔文·卡尔文（Melvin Calvin）更是对第二个事件展开了深入的研究，并因此获得1961年的诺贝尔化学奖。卡尔文于1911年4月8日出生于美国明尼苏达州圣保罗的一个俄国移民家庭。他20岁毕业于密歇根矿业科技学院，获得化学学士学位，4年后，在明尼苏达大学获得化学博士学位，36岁开始在加利福尼亚州大学伯克利分校开始自己的独立研究之旅。在博士学习期间，他已经展现出了对科研的热爱，当时的主要研究内容是关于一类称为卤素的化合物的电子亲和性研究。毕业之后，他在英国曼彻斯特大学进行了为期两年的博士后训练，开展了关于多种物质协同催化的研究，助推了他进一步的成长。独立建组之后，起先，他的研究方向是有机分子的结构与活性，受到当时研究潮流的影响，他逐渐将这些研究和自己博士及博士后期间的工作进行整合。1954年，他利用同位素碳-14对二氧化碳的标记，终于成功打开了植物细胞中光合作用的黑匣子。此后，他的研究兴趣从化学领域慢慢转向了生物学领域，因此，他的实验室中一半的研究人员从事化学研究，另一半人则从事生物学研究。

关于植物细胞如何将光转变为能量物质ATP，则于同年被美国的丹尼尔·阿农（Daniel Arnon）发现，其产生过程类似于动物细胞中线粒体的氧化磷酸化过程，被称为光合磷酸化。而真正彻底解开光合作用谜底的则是约翰·迪森霍夫（Johann Deisenhofer）、罗伯特·胡伯（Robert Huber）和哈特穆特·米歇尔（Hartmut Michel）。他们三人合作，对细菌中光合作用反应核心蛋白质复合体的三维空间结构进行解析，并因此共同获得1988年的诺贝尔化学奖。从这一点看来，能够利用光能也不是

植物细胞的专利，植物细胞中富含叶绿体，可以极其高效地利用光进行能量和物质的转化，其他生物，比如某些细菌和藻类，也具有类似的功能。如同动物细胞中关于线粒体起源的讨论，关于植物细胞中叶绿体的起源也引发了一场热烈的讨论，而目前的大多数证据都指向细菌共生学说。叶绿体中遗传物质的存在及其与细菌中遗传物质的同源性证明了这种可能性，可进行光合作用的细菌的发现更是进一步证实了两者之间的关联。

我们刚刚还提到，动物细胞区别于植物细胞的重要特征之一便是没有叶绿体。然而，事情总有例外，有一种动物名叫海蛞蝓，其体内的细胞也含有叶绿体，因此，如同植物一样，它们光晒晒太阳，就能吃饱喝足。海蛞蝓是一种生活在海洋中的软体动物，由于其头上长了一对突出且稍显粗壮的触角，因此又得名海兔。虽说它是软体动物，人家却属于甲壳类家族的一员，与蜗牛以及海螺属于一家人，由于进化的原因，壳最后变成了薄薄的一层。它们主要生活在海底，因为它们喜欢用自己的大头挖沙，所以在沙质地区比较容易找到它们的踪迹，如果饿了的话，它们会找一些小型的无脊椎动物来吃。除此以外，它们也会在海藻丰盛的环境中生活，并以海藻为食。为了躲避天敌，它们吃了什么颜色的海藻就会变成什么颜色。在这些海蛞蝓中，有一种绿叶海蛞蝓，在摄入海藻后不但能够变色，而且能够将海藻中的叶绿体也整到自己的细胞里，并为其所用。在其他食物短缺的时候，它们只要依赖这些叶绿体，然后找个地方晒太阳，就不会饿死。当然，它的神奇之处并不是将植物细胞中的叶绿体直接吞入到自身的细胞里，而是盗取了绿藻的特殊基因，并将其与自身的基因进行融合，最后重新合成叶绿体和叶绿素所需的元件。地球上能够做到这一点的动物并不多，海蛞蝓便是第一个被发现拥有这种特异功能的动物。

通常情况下，动物在食用植物之后，植物细胞中的基因是不会进入动物细胞的遗传体系之中的，这也被认为是常识。但是，科学的发现往往就在于打破这些所谓的众所周知的常识。除了刚才提到的海蛞蝓一例，另外一个值得大家了解的例子则是来自南京大学张辰宇教授的发现。2011 年，他带领团队发现，植物细胞中特有的一段微小核苷酸序列可以在动物胃部被消化后直接进入动物细胞，这是首次关于这类核苷酸跨界流动并发挥作用的研

究，但是在当时几乎得不到领域内其他专家的认可，大家都基于自己的常识，认为这是不可能发生的事情。因此他向国外的学术杂志投稿时，一直遭到拒绝，幸好当时国内期刊《细胞研究》意识到了这项发现的重要性，才得以将其报道出去。10年之后，国外研究小组才验证了他的这一研究成果并意识到其重要意义。

虽然植物细胞既不能像动物细胞那样动弹，也不能像动物细胞那样对损伤的组织进行修复，但是植物细胞的功能却完全不弱于动物细胞，尤其从发育的角度来说，个个细胞都是全能冠军。最为常见的例子便是老枝发新芽。所谓老枝，主要指那些粗壮枝干，外表的树皮通常较为斑驳且已开裂，枝干上的树叶多已枯萎。就是这样一根老枝，如果被切断，假以时日，你就会发现在伤口处冒出了小嫩芽，如同春天泥土里的种子伸出了小脑袋。日复一日，嫩芽变成新生枝条，挂满欢喜的绿叶。如果一棵参天大树的每一个枝头和长有叶片的枝条都被剪去，过一段时间，在这些切口的顶端就会陆陆续续抽出新枝，近看像柳条编制的绿色项圈；远看像一盆盆摆放位置极具艺术气息的盆景，有朝上的，有朝下的，也有斜着的；再远看，像鸟儿在一棵光秃秃的树上安置了一个又一个绿色的鸟巢。

由此可见，对于植物来说，不仅仅只有种子才可以生根发芽，也不仅仅只有枝条的顶端才可以生长。全身上下的植物细胞，在需要的情况下均可不同程度地返回最早期的发育阶段，如同动物中已经处于发育末端的细胞又回到胚胎干细胞阶段，从而具有再生能力，而这种再生，不是如同动物组织那般的修修补补，而是从头开始生长发育，或生成一根有枝有叶的枝条，或长成一棵完整的植株。最常见的例子便是生长于南方的榕树。枝繁叶茂的榕树往往一树成林，它不断延伸的树干会在空中长出根，形成气生根，在下垂过程中一旦接触到土壤，空中的根又会形成树干，进而以母树为中心，不断地往四周扩展。在这里引用黄河浪的《故乡的榕树》中的精彩描绘：“站在桥头的两棵老榕树，一棵直立，枝叶茂盛；另一棵却长成奇异的S形，苍虬多筋的树干斜伸向溪中，我们称它为‘驼背’。更特别的是它弯曲的这一段树心被烧空了，形成丈多长平方的凹槽，而它仍然顽强地活着，横过溪面，昂起头来，把浓密的枝叶伸向蓝天。”另一个例子则来源于家庭中常常用于屋内点缀的绿萝。无论你将它剪成多小的个头，哪怕没有了原先的根，只要有一段茎外加一片叶，然后将其插入水中，过上一段时间，水中的茎又会冒出新的根。

那么，植物细胞的强烈可塑性还有哪些用处呢？在前面的章节，我们已经知道了动物细胞想要从孙辈回到祖辈是如何的艰难，历史上不乏在此领域付出一生的科学家。而植物细胞却可以轻而易举地返老还童，那植物细胞的克隆会不会也简单很多呢？正是由于植物细胞的可塑性强，所以植物细胞的克隆完全不同于动物细胞，既不需要艰难地将一个细胞的细胞核通过微移植技术注入另一个细胞的细胞质中，也不需要借用病毒等外力将强效的基因硬生生地塞到细胞里，只需要将植物细胞放进合适的培养基里就可以实现了。因为来自同一株植物，所以所有的细胞都具有完全相同的遗传特性。当然，虽然整棵植物中所有的细胞都具有可塑性，但是不同部位的能力大小还是存在差异的，通常情况下，根部的细胞更适合进行克隆。而这里提到的培养基，等同于动物细胞培养时用到的培养液，只不过它是模拟植物生长的固态土壤。

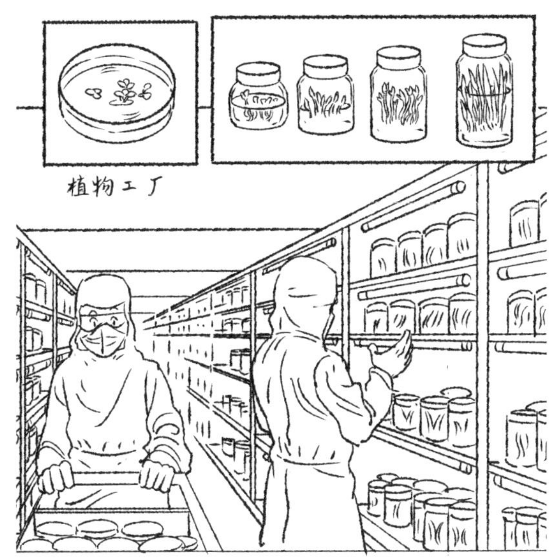

虽然培养植物细胞的环境不需要像培养动物细胞一样精细地过滤空气，但是植物学家还是要小心谨慎地对待污染。通常只需要一个相对干净的房间，摆上一台和培养动物细胞一样的超净工作台就可以开工啦。除此以外，植物细胞的获得和处理相对简单，不需要将植物组织进行酶消化处理，只需要用剪刀或刀片将植物的根茎或受伤时产生的容易长出新枝条的组织（专业的称呼为愈伤组织）切成小块即可，然后将一个个小块直接放置在一个个含有固体培养基的瓶子内即算完工。为了防止污染，研究人员会在瓶口套上透明或半透明的塑料薄膜，并用橡皮筋或绳子扎好。下一步就是把这些含有植物细胞克隆的宝贝放在灯下，静待这些植物细胞在瓶内生根发芽。

借助植物细胞的克隆技术，研究人员已经针对那些珍稀植物、濒危植物、药用植物和具有重要经济价值的植物展开了大规模的拯救、保护和扩建。此外，无土化的固体培养技术不但可以实现植物细胞的克隆，将一棵植物分离得到的组织细胞变成数量可观的小苗，而且通过进一步优化培养基，提供充分的营养元素，可以形成液体培养基，让这些小苗继续茁壮成长。目前，这项技术已经完全从科学家的实验室走向了市场化的应用，主要用于人们日常所需的蔬菜类植物的生产。可以想象，未来的植物农场是完全基于现代科学技术的工厂化立体培养体系，不再依赖于田地和自然气候。农业也不再是面朝黄土背朝天、靠天吃饭的传统行业，而是一个依赖现代高科技、多种技术融合的新兴业态。在这里，农民不再是没有文化的庄稼汉，而是掌握植物学、机械学、光学和信息学的复合型人才。

对于植物细胞的研究，一方面是为了更好地保护植物资源的多样性，另一方面是为了对人类所需的食用作物和水果进行改良，尤其后者是人类赖以生存的基础。对于作物的改良，人类已经开展了上百年的研究，早期主要是开发杂交技术，随着技术的进步以及对细胞认知的加深，开始了多倍体育种。什么是多倍体呢？我们已经知道，无论是动物细胞，还是植物细胞，它们的细胞核内都有遗传物质，对于不同种属和不同类型的细胞来说，这些物质纠缠在一起所形成的染色质都有固定的数目。而控制不同植物性状的基因往往位于不同的染色质上，如果人为地将不同细胞中包含不同性状基因的染色质整合到一起，或者对包含有益性状基因的染色质进行扩增，从而形成多倍体的植物细胞，那么最终植物表现出的性状将会比原先更为优秀。

再进一步，跳过染色质这样的复杂结构，直接对关键性状的基因进行干预，对于农作物的改良将更为高效且便利。因此，大家才会看见科学家们将不同植物的种子送进太空，进行太空育种。其主要目的，一方面是为了检测太空环境对植物发育的影响，另一方面是为了利用太空中无处不在的辐射，使种子细胞中的基因发生突变，并对随机产生的突变进行进一步的性状观察，从而筛选获得有益性状的植株。除了辐照，也可以利用现代分子生物学手段对植物细胞的基因进行编辑，例如删除水稻中控制高度的基因，让水稻长得矮点，不容易倒伏，以便增加产量；在水稻中添加抵抗虫害的基因和有益健康的基因，既可以防止水稻的虫害，又可以获得具有更高营养价值的大米。从发展轨迹来说，转基因植物的获得是从天然的选育走向人工的选育，这既是历史演变的结果，也是未来发展的趋势。当然，无论是转基因作物对自然环境的影响，还是对人或其他动物安全性的影响，我们还需要进行长期和全面的考虑，但也不能因噎废食，遏制科技发展的脚步。

以上转基因的操作都是从育种角度出发，以便获得更符合人类需要的植物遗传特征。还有一类转基因的操作则如同动物细胞工程的操作，是为了获得更多可用于治疗的某种蛋白质或药物，以植物细胞甚至是植物本身为生物反应器，在植物体内生产原本属于其他生物或动物体内的物质。相较于动物细胞工程，利用植物作为生物反应器具有性价比高的特点，尤其是经济成本大大降低，无论是在生产阶段，还是在后期的储存阶段，植物细胞工程都体现出了极大的优势。自 20 世纪 90 年代，科学家首次利用烟草生产变异链球菌表面抗原获得成功后，利用转基因植物生产疫苗和药物得到了极大的发展。除了烟草以外，各种蔬菜和水果都加入了转基因大军，包括番茄、苹果和马铃薯等。生产的疫苗主要通过两种方式起到作用，一是提取植物中的抗原，然后进行人体注射，二是直接食用含有抗原的植物，然后产生抗体。目前，已经在细菌、病毒、糖尿病、寄生虫病和避孕等多个领域获得了转基因植物疫苗。此外，在植物中表达抗体以及多种活性肽，包括白介素、血清蛋白以及胰岛素等，也取得了不错的实验成果。

19 细胞的未来畅想

基于当前的细胞科学理论基础和发展趋势,我们完全有理由相信人造细胞和类器官有可能在21世纪得以实际应用。基于工程化生产技术,在解决了安全性和产出效率等问题后,第一个走向临床应用的细胞可能是血细胞。如果再进一步细化的话,首先是血小板,其次是红细胞,然后是其他免疫细胞或干细胞,如T细胞和造血干细胞等。作为成分输血的种子,人造血一定会替代当今的献血,造福每一位有输血需求的患者。紧随人工血细胞之后走向临床应用的可能是多能干细胞分化产生的多巴胺能神经祖细胞,它可以应用于帕金森病的治疗,在不远的将来可能取得突破性进展,使帕金森病不再是绝症,患者也不再需要承受抓不稳勺子和难以自我进食的痛苦。

此外,基于器官发育和组织结构的深入理解,结合迅猛发展的材料学科,我们可以在体外条件下诱导发育早期的细胞在三维培养体系中形成具有完整结构和较好功能的类器官。利用这些类器官,一方面可以替代传统的动物实验,减少对于模式动物的需求,开展各类实验检测,另一方面可以尝试利用复杂程度较低、发育较为接近正常组织的类器官,对损伤的组织或器官进行替代性移植。最为成熟且最早进行应用的类器官可能是皮肤组织,其次为大规模获得肝脏实体细胞后组合形成的人工肝,以及由多能干细胞分化得到的角膜细胞进一步构建的人工角膜和多能干细胞分化得到的心肌细胞叠加形成的心脏贴片。当然,每一种细胞、每一种类器官中仍旧存在很多科学问题和技术难题需要克服,如人工肝如何恢复肝细胞的极性，如何保持诱导的心肌细胞和贴片的跳动频率和患者的心跳一致等问题。

对于那些很难通过细胞自然发育而形成的复杂组织和器官，科学家已经借助 3D 打印技术获得了部分成功，如 3D 打印心脏。这一技术主要以细胞作为打印墨水，按照预先设计的模型进行一层层叠加，多以胶原等胞外基质的主要成分作为胶水，把细胞粘在一起。但是，该技术也只是初步展示了不同学科交叉的前景，相较于前面两种技术的发展，其将来的应用还显得十分稚嫩。需要解决的关键问题包括当前的 3D 打印技术基本采用单一的细胞类型，如何解决器官中不同类型细胞的相互叠加；如何减少机械操作对细胞的损伤，增强细胞的活力等。

虽然技术的发展已经能够让我们近距离地接触各种类型的细胞治疗技术，向组织或器官再生又迈近了一步，但是如何才能如同之前提到的各种神奇的自然界生物那样，直接实现体内条件下的组织或器官再生，依旧是细胞生物学的终极目标之一以及再生医学领域的梦想。当前正在尝试的体内条件下的细胞命运转变研究、干细胞激活以及刺激处于休眠状态的细胞重新进行增殖等研究，有可能为这一终极目标和梦想添上飞翔的翅膀。例如，将脑损伤时大量增殖的胶质细胞直接转变为脑损伤时大量丢失且无法恢复的神经元，可能为各种类型的神经系统疾病提供可行性治疗方案；虽然心肌细胞几乎无法增殖，如果能够利用药物激活心肌梗死组织旁边的心肌细胞快速进入增殖状态，替代死亡的心肌细胞，就可以成功为发病率居高不下的心脏病提供再生治疗方案。

为了实现体内细胞的功能和命运干预，已有的病毒介导基因编辑技术已经展现出了巨大的应用前景，但是依旧存在安全隐患。因此，其他干预技术的发展就显得尤为重要了。已经发展起来的光遗传学利用不同波长的光线对光敏蛋白的活性进行调控，目前在神经领域得以广泛应用，随着技术的成熟，不难想象，该技术定会在其他领域绽放光彩。但是，当前的光遗传学技术还存在很大的局限性，尤其是需要在干预部位插入光纤，既会产生创伤，又不方便。如果能够利用可以穿透组织、具有无创特点的磁场、声波或热量替代光进行干预，将具有更广阔的应用前景。基于这些想法也确实衍生出了相关技术，如针对磁遗传学的研究和热敏感蛋白的研究等，虽然这些研究都还很幼稚，但至少露出了曙光。

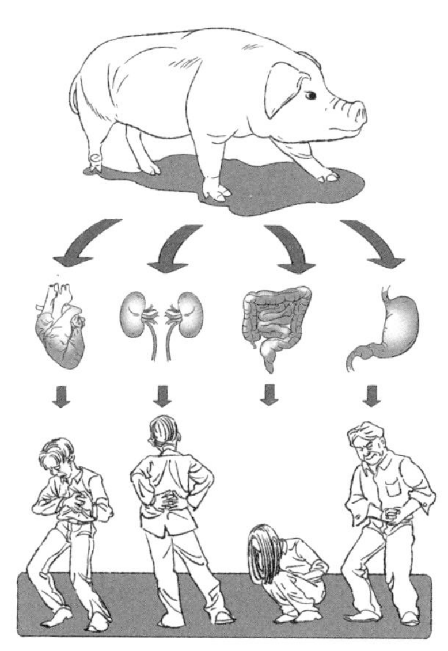

对于体内再生，还有些科学家在开展完全不一样的研究路线，那就是异种移植技术。顾名思义，就是将一个物种的器官移植到另一个物种身上。我们知道，人之所以一直为人，狗一直为狗，老鼠一直为老鼠，最大的因素在于遗传差异，并由此产生了巨大的生殖隔阂和免疫排斥。由此，有科学家想到，如果打破隔阂，消除排异，那么是否可以实现跨物种，将动物的器官应用于人类，从而解决长期困扰人类的器官移植供体不足的问题呢？为此，科学家们已经开始在猴子或猪的胚胎发育早期加入人源细胞，从而获得具有人细胞嵌合体的猴或猪，在某种程度上，这属于异种杂交。如果能够将动物体内的某个器官和组织的细胞全部替换为人类细胞，那么以动物为生物反应器生产器官，用于人类移植，绝对不是梦。除此以外，也有科学家在尝试直接将动物体内容易导致人类免疫排斥的基因进行删除或改造，获得可以直接移植给人类的动物器官，从而实现异种移植的梦想。

在前文中已经介绍了试管婴儿，虽然可以人为地对人类的生殖过程进行干预，在一定程度上摆脱了对自然的依赖和生殖疾患的无奈，但总体来说还是依赖自然发育而来的精子和卵子，以及受精卵发育的温床——子宫。随着细胞命运转变技术的出现和发展，科学家已经可以将皮肤细胞重编程为多能干细胞，再分化为精子和卵子。除此以外，随着组织工程技术的发展，科学家已经研发出可以短暂替代天然子宫的人造子宫，为尚未足月的绵羊胎儿继续提供支持，直至顺利出生；人造子宫甚至可以维持只有200多个细胞的小鼠早期胚胎，看似混沌未开的一团肉块，进一步在体外发育六七天，直至3种不同胚层的出现，看上去有了早期小鼠的形态，有头、躯干、四肢和心跳。基于上述两项技术的进一步成熟以及针对人类细胞和子宫的研发，有理由相信，在未来的社会中，完全可以不依赖于天然的精子、卵子和人类子宫进行后代的延续，对有生殖缺陷的人类，可以选择通过皮肤或血细胞等途径获得人造精子和卵子，在完成体外人工授精后，进一步利用工厂化的人造子宫进行孕育，直至婴儿诞生。这听起来非常不可思议，尤其是在法律、伦理等方面存在巨大的挑战，但是从现有理论水平和技术发展趋势来看，这一切都具有极强的可行性。

既然细胞具有如此重要的作用，我们需要对部分极具治疗意义的细胞建立细胞库，如血库、骨髓库、脐血库、精子库、卵子库以及多能干细胞库等。然而，目前已经建立的各种细胞库基本都来源于人类不同个体的捐献，无论是从经济成本考虑，还是从未来发展的趋势来说，这都不是一个长久之计。伴随我们对细胞生成技术的掌握和细胞命运改变的理解，完全利用细胞生产技术取代细胞捐献，将会是未来的场景。在未来，我们可以想象，基于造血干细胞本身的自我增殖能够源源不断地产生和获得血细胞，因此，一个造血干细胞工厂或者造血干细胞库将会取代现在的血库、骨髓库和脐血库，成为未来社会医疗产业链中必不可少的一环。

随着对细胞认知的深入，以及细胞治疗技术的广泛应用，人们可以基于细胞开发其他衍生品，人体中的全部细胞都具有巨大的应用价值和意义，因此，建立全类型细胞的细胞库也似乎势在必行。当前，已经有民营企业开始筹建免疫细胞的细胞银行，但它们的目标在于经营和获益。从人类文明和繁衍的角度来说，对人类细胞资源和其他物种的细胞资源的保护，建立全物种的细胞库，也是亟待国际合作的一件事。

无论是组织修复，还是器官移植，都依赖于细胞本身的置换，那么有没有可能采用非细胞物质来模拟和替代细胞功能，从而实现组织和器官再生呢？由于细胞是一个高度整合且精细的结构，具有多种复杂功能，要想替代也只能从最简单的细胞一步步开始。其中，红细胞没有细胞核，主要功能为输送氧气，科学家已经合成了多种物质来为那些急需红细胞的患者提供帮助。而这类物质在形态上可能并不像红细胞，但是在功能上可以做到结合、输送和释放氧气，这便是成功的案例。对于其他细胞的合成，目前尚无报道。但是基于合成生物学技术的迅猛推进，人们已经开始尝试合成细胞中的部分结构和细胞器，例如人造细胞膜以及人工合成染色体等。随着技术的一步步成熟，以及对人造细胞需求的增强，完全利用化学产物直接合成具有各种功能的细胞，并直接应用于再生医学，对于整个人类来说绝对堪称史诗级发明。对于植物细胞，人们正在试图合成叶绿体，如果一旦成功，又能将其和动物细胞融合在一起，是否动物以后也可以仅利用太阳光和呼吸空气就生存下去了呢？对于人来说，则成为了另一种意义上的“植物人”。

更进一步，如果根据不同类型的细胞设计相应的纳米机器人，模仿细胞的形态和功能，则可以利用这些真正的细胞机器人替代机体中的细胞，部分参与某些组织或器官的日常功能。当然，这将是一条漫长的科学探索之路，无论是在理论层面，还是在技术层面，都面临重重困难。但是，这也是一条诱人的未来科技之路，尤其是对急性损伤导致的组织或器官的缺失，采用这种技术可以达到迅速修复的目的，并挽救那些现有医疗技术无法治疗的患者。再进一步，如果这些细胞机器的功能远远好于正常有机细胞的功能，这些细胞机器就有可能提高机体局部或者全身的功能，实现所谓的超能。目前已经有技术可以利用物理的电子材料模拟部分组织，如神经组织，将断裂的神经纤维串接起来，从而促使部分瘫痪的肢体重新获得神经信号，具有活动能力。当然，微观世界的复杂程度远远超过宏观组织，如何从宏观模拟过渡到微观模拟，不仅实现每一个细胞的结构和功能的模仿，还要让每一个细胞机器之间建立和谐的沟通，这将会是不小的挑战，但是一旦得以实现，又将是革命性的进步。

无论是动物、植物，还是细胞本身，都依赖于有机物质，具有一定的生命周期限制，但是当生命跨过这类物质载体，似乎就可以超越生命周期的限制，实现永生。在这一点上，已经有科学家开始尝试将人类的意识下载并转移到电脑和网络上，如此的话，即便这个人去世了，他的思维还将在网络上继续存在下去。当然，这一想法也遭到了很多人的反对，认为简直是天方夜谭，尤其是当前人类对意识本身的认识还存在巨大的黑洞。大家连意识的本质是什么都没有搞清楚，谈何模拟呢？但是细胞就不一样了，人们对细胞的结构和功能认识已有百年历史，研究已经从宏观水平走向了分子水平，随着时间的推移，对细胞的全面解析指日可待。早在十几年前，已经有研究人员尝试利用计算机来模拟一个细胞的全部功能，从而建立虚拟细胞。简单点说，这类细胞虽然不能进行实际意义上的治疗应用，但是完全可以进行针对细胞的各种实验，例如某种药物对某类细胞是否有毒性，是促进细胞的生长还是抑制细胞的生长等，都可以在虚拟细胞上进行操作。而这一切，只需要一台电脑或者一部连接网络的手机就可以完成。

有机生命与硅基电脑发生了碰撞。刚刚提到的虚拟细胞是将生命寄托于电脑之上，如果反之，将电脑寄托于生命之上会是什

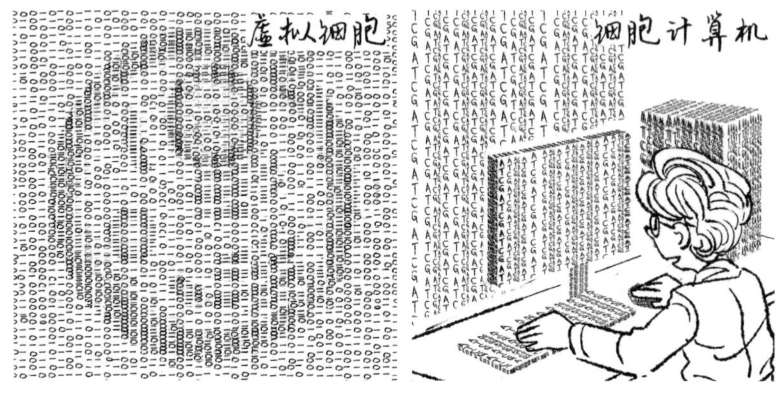

么样呢？我们知道电脑的计算法则依赖于0和1两个数字的反复和组合，而细胞中的遗传物质主要由A、T、C和G四个字母所代表的四种物质反复和组合。从数学的角度来说，第二种组合的复杂度要远远高于第一种，完全可以用后者的组合来模拟前者。这样，就可以将0和1组合的代码转变成ATCG代码，并采用常规的DNA序列合成技术合成需要的序列，如果需要读取这类资料，则采用测序技术进行解读。利用细胞中的遗传物质进行电脑信息的保存，不但可以利用极少的细胞来保存浩如烟海的数据，而且还可以通过细胞的复制和冻存，对这些数据进行更好地传播的保护。当利用细胞来随意存储数据得以实现，那么下一步应该是利用细胞内各种高速且有序的化学反应和生物反应来进行计算处理了，尤其值得一提的是，电脑快速运算时产生的热，对于细胞来说根本就不必担心，可谓是细胞计算的优势之一。当然，细胞计算机是否可以取代当今的硅基电脑，和未来可期的量子计算机相媲美，让我们拭目以待吧。

20 不可或缺的显微镜

工欲善其事，必先利其器，科学的进步离不开技术的发展。正如本书开头介绍的细胞的发现，如果没有显微镜的发明，细胞作为动植物机体中最为重要的单元，可能会永远沉寂于人类的视野之外。但是，对于显微镜的第一发明人，历史上并无准确的记载，大名鼎鼎的列文虎克和胡克也只能算是在放大倍数和使用便捷性等方面对早期显微镜的改进和升级做出了贡献。作为显微镜的兄弟，望远镜的出现要早于前者，而利用其做出重要贡献的伽利略一度被认为是显微镜的发明者，毕竟他是一位能力超强的人，但事实是否是这样，还有待考证。

另一位来自荷兰的眼镜商人扎查里亚斯·詹森（Zacharias Janssen）被认为是最有可能发明复合显微镜的人，当然也有人质疑，觉得他的父亲和另一位外交官朋友威廉·博雷尔（William Boreel）也在其中发挥了重要作用。因为根据记载，现存于荷兰

米德尔堡博物馆，刻有詹森姓名的显微镜源于1595年，而此时，他只是一位15岁的小屁孩。这台显微镜是一个由3个圆形套管组成的简易装置，两个套管可以滑进和滑出，从而起到聚焦的作用，让放大的物体看得更清晰，最大的放大倍数是10倍。不同于现代带有支架的显微镜，当时的显微镜都采用手持式，很像我们在电影或电视中看到的单筒望远镜。虽然早期显微镜的成像效果和放大倍数既粗糙，又有限，但是该仪器的发明绝对算得上根本性的突破和历史性的起点。

关于细胞一词的翻译，我们已经知道了李善兰的贡献。那么，显微镜一词又是谁，在什么时候翻译到我国的呢？作为中文和日文中既同形又同义的词组中的一员，很多人一定以为该词是由日本翻译再传入中国，毕竟在当时西学东渐的大环境下，很容易让人误认为如此。根据能够查阅到的古今中外史料记载，英文中的microscope源于拉丁语microscopium，最早见于伽利略的朋友的描述，该单词的前缀micro即小和微的意思，后缀scopium即看和检查的意思。至于显微镜何时传入中国，又被何人第一次翻译，并无明确记载，只能从众多文人流传下来的书稿中略知一二。在《镜史》和《广东新语》中已经出现显微镜一词，据此，可将显微镜传入中国的时间溯源至17世纪后叶。然而，为什么会是“显微”一词加上“镜”字，而不是“放大镜”呢？可能是为了区别于“放大”一词，因此有意采用“显微”一词，“显微”源于《周易》，意为彰显细微、阐明隐幽之意。有意思的是，日语中关于显微镜的记载，最早只能溯源至18世纪初期，且当时的翻译为虫眼镜。由此可见，显微镜一词的翻译首先由中国提出，再传入日本，这和细胞一词的翻译和流传非常一致。

言归正传，显微镜的产生和发展最为关键的技术在于对光线及其成像原理的认识。虽然早期的显微镜已经能够对微观物体进行放大，无论是起初的几倍放大，还是后期的几十倍放大，都是依赖于单个凸透镜的结果，因此它们也被称为单镜片显微镜。这种显微镜的好处在于简单易制作，同时也面临放大倍数有限以及成像模糊的问题。为了解决这些问题，后来出现了复式显微镜，即把多个镜片叠加，利用一个凸透镜将前面一个凸透镜形成的图像进一步放大。但与此同时，又出现了新的问题，即不同透镜之间存在球面相差，严重影响成像效果。这一问题自复式显微镜出现之后的一个多世纪一直困扰着大家，直至一位业余显微镜爱好者约瑟夫·杰克森·李斯特（Joseph Jackson Lister）的出现，才得以显著改善。李斯特于 1786 年 1 月 11 日出生于英国伦敦一个白酒商人家庭，14 岁时，他就被迫辍学和他父亲学习如何经商。可能由于父亲的言传身教，他学会了如何成为一个成功商人，除了白酒生意以外，他还涉足船舶投资等行业。有了强大的经济财力支持，他得以在主业之外开拓自己的兴趣，其中一项就是参加教会组织的各种活动，也是在那里，他接触到了显微镜。通过独立研究，他歪打正着地解决了显微镜的世纪难题，通过精确地调整复式显微镜中每个镜片间的距离，提高显微镜的成像清晰度。

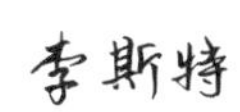

卡尔蔡司的镜头代表着顶级配置。由此可见卡尔蔡司在透镜领域的龙头老大地位。卡尔蔡司既是一个品牌，也是公司的名称，又是人的姓名，前者为后者所创建。卡尔·蔡司（Carl Zeiss）于1816年9月11日出生于德国小城魏玛，这是一个名人辈出的地方，诞生了享誉世界的诗人约翰·沃尔夫冈·歌德、著名歌剧女演员卡洛琳娜·雅格曼和音乐家弗朗兹·李斯特等耳熟能详的人物。除此以外，当时的魏玛已是一个商业极度繁荣的小镇，因此滋生了人们对各种奢侈品的需求，也因此聚集了众多从事不同行业的手工艺人。基于这样的大环境，我们不难想象为什么蔡司能够建立起一个属于自己的商业帝国，而显微镜在当时属于绝对的奢侈品。然而，真正让蔡司踏足显微镜领域的城市并不是魏玛，而是离魏玛20千米之外的耶拿。在那里，他遇见了另外两位改写显微镜发展历史的重量级人物，一位是恩斯特·阿贝（Ernst Abbe），另一位是奥拓·肖特（Otto Schott）。

阿贝可谓是一个传奇人物，很好地诠释了知识改变命运的意义。他于1840年1月23日出生于德国的一个贫苦家庭，他的父亲为了养家糊口，每天不得不从事16个小时的纺织工作。幸运的是，即使在这样艰苦的条件下，阿贝还是在应该上学的年纪有幸到学校学习。他天赋异禀，打从小学开始就展现出了优于同龄人的学习成绩，因此，小学四年级的时候，他被学校老师建议转到更好的学校学习，以免被耽误。然而，经济上的捉襟见肘让他的父亲很是为难，好在他得到了父亲所在工厂老板的资助，才得以顺利成行。自此以后，阿贝在学习的道路上一路飙升，在各种奖学金的支持下读完大学，又念了博士，并对数学和物理领域表现出了极大的兴趣。毕业之后，他顺理成章地留在了大学教书，并在而立之年结婚生子。安定的生活让他得以在工作之余开拓业余爱好，也正是在这段时间，他和蔡司建立了友谊，利用自己的一技之长，辅佐他对传统显微镜进行升级换代，从而促进了卡尔蔡司公司的诞生和成长。

在蔡司本人去世之后，阿贝接管了该公司，不但成立了管理公司的基金会，而且对公司管理进行了大刀阔斧的改革，包括带薪休假、八小时工作制、员工持股以及享受退休金等一系列深得人心的措施，从而奠定了卡尔蔡司成长为商业帝国的基础。阿贝不但在商业上取得了巨大的成就，他在科学上的贡献也不可磨灭，最为重要的发现当数阿贝极限理论，即显微镜分辨极限公式。

有了蔡司搭建的平台，再加上阿贝的数学理论基础，离早期显微镜的革命就差一步之遥了，那便是高质量的玻璃。正如练就好钢需要好铁，否则即便是巧妇，也难为无米之炊。此时，轮到肖特出场了。肖特于1851年12月17日出生德国威腾，虽然和前两位相比，他算是小弟，但他有自己的优势。肖特的父亲是一位玻璃制造商，肖特从小耳濡目染，对这一行业产生了浓厚的兴趣。因此，在此后的求学生涯中，他便一直投身于化学、冶炼和物理等与玻璃制造相关学科的学习，直至博士毕业。28 岁时，他研发出了一种含有锂的玻璃，这种玻璃具有一种有别于传统玻璃的光学特性。当他写信告知在这一领域小有名气的阿贝之后，二人便开始了紧密的联系和合作，3 年后，他正式入伙阿贝和蔡司的公司，开始系统地检测含有不同元素的玻璃的光学特性及其在显微镜中的使用。铁三角团队的建立让显微镜的革命一次又一次地发生，也让卡尔蔡司成为了显微镜制造领域的领袖和光学镜头界神话般的存在，而肖特本人也成为了现代玻璃制造业的奠基人。

铁三角的第一款革命性产品是复消色差显微镜，在此之后，良好且专业的氛围促使更多优秀的人才加入了蔡司公司，研发出了更多出色的产品。先是保罗·鲁道夫设计出了首款消相差显微镜，紧接着，奥古斯特·科勒制造了第一台紫外显微镜。然而，老马偶尔也有失蹄时，蔡司公司曾失足过两次，而这两次偏偏又都获得了诺贝尔物理学奖的青睐。第一个错失的产品是超倍显微镜，而其研发基础则依赖于理查德·席格蒙迪（Richard Zsigmondy）所发现的胶体溶液异质性现象。席格蒙迪早年的工作主要集中于玻璃或者陶瓷表面的色彩研究，因此，他曾和肖特产生过交集，并受雇于后者所在的另一个公司，直至 20 世纪初才离开。也正是在这段时间，他开始琢磨胶体的化学性质，后来他不仅因此荣获诺贝尔奖，而且将胶体准备技术应用于显微镜样本的制备，从而促进了缝隙超倍显微镜的问世。第二个错失的产品则是相位差显微镜，该显微镜的独特之处在于利用样品的相位改变，产生光的相互干涉，从而可以清晰地观察到细胞轮廓和内部结构。如果要用普通显微镜观察细胞，必须染色后细胞才能成像。而该诺贝尔奖成果的发明人则是光学领域大名鼎鼎的弗里茨·泽尼克（Frits Zernike），虽然名气很大，但是当他早期想根据自己的光线相差研究理论进一步研发新型显微镜时，蔡司公司却对其嗤之以鼻，直至10年之后，在他人的资助之下，他的想法才得以实现，并在日后得到了广泛的认可和应用。蔡司公司虽然凭借在工艺上的精益求精，它取得了市场的绝对占有率，但在创新方面却显得缩手缩脚，错过了一个又一个划时代的显微镜产品。

以上显微镜的诞生和发展，虽然一代比一代更先进，但是总的科学逻辑还是基于光线的运用。在可见光的范围内，随着光的波长逐渐减小，放大倍数是逐渐增加的，但是根据阿贝极限理论，当达到可见光波长极限时，放大的倍数也达到了极限。而此时，其他物理学家对声光电磁的研究已经深入到了其本质，陆陆续续提出了多个理论，包括光的波粒二象性以及电磁转化等。如果想要再次提高显微镜的放大倍数，则必须进一步缩短照射光线的波长，基于这些研究进展和理论，大家想到了电子，其波长远远小于可见光中的任何一种光。马克斯·诺尔（Max Knoll）是较早开始相关研究的先锋人物，但是电子的特性却远远不同于传统的光线，如何产生电子以及如何控制电子的传播方向等都是需要解决的问题。好在诺尔招到了一位在该领域极具天赋的学生恩斯特·鲁斯卡（Ernst Ruska），在二人的共同努力之下，他们终于在 1931 年构建了第一台电子显微镜。正如历史上的第一台电脑有一个房间那么大，运算能力也是一般，第一台电子显微镜的问世时，它的最大放大倍数也只有区区 17 倍。两年之后，他们对主要的部

件进行了升级改造，这一次，将放大倍数提高到了 1000 倍以上，已经将当时最好的光学显微镜甩到了几条街之外。起初的电子显

微镜放大的物品是一个金属格，由于鲁斯卡的兄弟从事生物医学研究，因此，他们很快将电子显微镜的应用拓展到了物理学以外的生命领域，从而揭开了细胞内部的黑匣子。正如在之前的章节中所描述的，一个又一个基于电子显微镜的观察和发现被争相报道，从而奠定了现代细胞生物学的研究基础。而在这一轮竞争中，德国西门子公司拔得头筹，率先支持了鲁斯卡的研究，迭代了一代又一代的电子显微镜，成为了这一领域的龙头。

如果说以电子取代光子尚在大家的理论想象范围之内，毕竟它们都属于一个物理领域。接下来要介绍的电子显微镜似乎有点离经叛道，超乎人们的想象了。正如一个人没有眼睛却可以看见东西，没有耳朵却可以听见声音，没有鼻子却可以闻见味道，你能想得到吗？这种显微镜已经摆脱了传统显微镜对光线和电子的依赖，而是采用一根极其细小的探针进行物品表面的探测，如同盲人利用拐杖进行探路。当探针和物品之间的距离发生变化时，加载在两者之间的电压导致电子穿梭，从而产生电流变化，通过检测改变的电流，就可以绘制物体的形状，而这种识别技术的分辨率达到了原子级别。这种奇妙的显微镜被称为电子扫描显微镜，其发明人是来自瑞士 IBM 公司的两位员工格德·宾尼格（Gerd Binnig）和海因里希·罗勒（Heinrich Rohrer）。虽然他们的发明诞生于 1981 年，但是 5 年之后，他们便和鲁斯卡共同获得了当年的诺贝尔物理学奖，而诺尔已经去世，未能获得该荣誉。

电子显微镜自从诞生之日起，便注定改变人类科学的进程，同时也引无数英雄为其竞折腰。由于电子显微镜的构造复杂，涉及众多的干扰因素，哪怕是小小的一滴水也会使物品的成像和放大性能产生质的改变。在这一领域中，来自瑞士的雅克·杜博切特（Jacques Dubochet）便穷其一生研究这么一滴水，使传统电子显微镜的性能又向上飞跃了一个层级。

杜博切特于 1942 年 6 月 8 日出生于瑞士盛产葡萄酒的艾格勒小镇，当时正值德国入侵莫斯科，瑞士也惨遭纳粹统治的国家的围困，在此恶劣情况之下，杜博切特曾坦言感谢他有一对乐观向上的父母，不然他也不会被母亲怀上并来到世上。除此以外，他还要感谢早年求学期间的众多老师。在 15 岁时，他被诊断为读写障碍症，他的学习成绩一时变得一落千丈。好在他遇到了耐心的老师，不但没有放弃他，而且在他身上花费大量时间，帮助他克服障碍，甚至鼓励他当着全班学生的面进行演讲，从而让他没有就此打住求学之路。即便如此，发育上的障碍还是在一定程度上影响了他的学习能力和社交技能，到了 20 岁时，他才得以进入大学学习，而这一切得益于他的姐姐在家对他进行的全方位生活技能训练。由于他的父亲是一位工程师，他在大学期间自然而然地主修了物理学。此时，物理学知识已经广泛应用于生物学研究，而且受其最喜欢的一位大学老师的影响，他在攻读博士期间选择了生物物理学专业，开始接触电子显微镜。此时，距离电子显微镜的发明已经过去了 37 年。10 年之后，欧洲分子生物学实验室刚刚落成，坐落于德国海德堡的一处森林秘境之中。优美的环境和全新的科学探索氛围笼罩着这所实验室，同时吸引了众多的科学家加入其中，杜博切特便是其中一员。他基于自己的研究专长，开始聚焦于电子显微镜样品准备时水处理的研究，一个似乎很不起眼的研究方向。就这样，坚持了近 30 年之后，他终于成功地解决了水在保存细胞样本时的种种不足，促使水玻璃化，从而最大程度保护细胞内各种样本的天然状态。这一问题的解决直接促成了他和约阿希姆·弗兰克（Joachim Frank）和理查德·亨德森（Richard Henderson）的合作，并研发出了冷冻电子显微镜，三人也因此共同荣获 2017 年的诺贝尔化学奖。为什么会是化学奖，而不是物理学奖呢？因为冷冻电子显微镜的发明直接加速了蛋白质三维结构的解析，不但使解析分辨率提高了一个数量级，更使很多采用传统方案无法解析的蛋白结构得到解析，我国施一公教授领导的团队在这一方面做出了卓越的贡献。

虽说电子显微镜的性能远远超过了光学显微镜，但是各有各的优点，很多时候，光学显微镜的应用还是无法被替代，其应用场景也是在现代生物医学研究中无处不在，因此，基于光学显微镜本身的迭代和研究还在持续不断地进行着。阿贝极限理论的提出虽然在一定程度上为显微镜的发展指引了方向，催生了电子显微镜的发明，但是同时也禁锢了人们的思维。该理论统治了一个多世纪之后才被埃里克·贝齐格（Eric Betzig）、斯特凡·黑尔（Stefan Hell）和威廉·莫纳（William Moerner）等人打破，在可见光的范围之内，将显微镜的分辨率逼近了电子显微镜水平，从而诞生了超分辨率荧光显微镜，三人因此获得 2014 年诺贝尔化学奖。

他们三人虽然获得了相同的奖项，却并不是共同合作的成果，而是各自努力的结果，究其原因，很大程度上归因于三人所具有的完全不同的家庭背景和成长环境，因此，他们三人的故事也完全不同。他们三人，一个来自中产阶级，一个是穷苦人家的孩子，一个属于富家子弟。

贝齐格于 1960 年 1 月 13 日出生于美国密歇根州东南部的安阿伯市，他的父亲早年在大学从事摔跤教练一职，后来迫于经济压力开始从商，由于个人的不懈努力，从一个小小的机械工具绘图员一直做到拥有几百名员工的企业老板。而这一切，贝齐格看在眼里，记在心里，也教会他如何认真学习和努力工作。小学的时候，受同学中一位从事科研工作的父亲影响，他开始接触并从此喜欢上了科学，经常捣鼓各种科学小实验。他顺利地念完中学，然后又完成了大学物理专业的学习，由于学习刻苦，成绩一直名列前茅。毕业之后，贝齐格先后进入康奈尔大学和知名的贝尔实验室，开始接触显微成像，并成为了他一生的爱好。然而，优越的条件也意味着更大的竞争，逼迫他不得不做出出色的工作，否则不但工作不保，而且他自己也感到十分难堪。因此，在这段时间，他经常早晨四点半就来到实验室开始工作，好在有一位和他一样发奋的好朋友陪他一起工作。早晨的时候，如果其中一位先到了，后到的一位就会摸一摸对方汽车的温度，来估计对方已经到了多久。努力总有回报，终于，他研发出了一台比现有显微镜的放大分辨率还要高的新型显微镜，只不过这是一台初步的原型机，而且实际的应用价值还不大。一切才刚刚开始，贝尔实验室却由于经济原因被迫关门，贝齐格失业了，成为了一名家庭主夫。在家待了一段时间后，他去了父亲的公司帮忙打杂。游手好闲期间，他随手设计了一台号称现代油电混动汽车的原型机，但是在那个年代，终究无人问津，最后也不了了之。就这样意志消沉了很长一段时间，他自己也开始过意不去，决定重操旧业，天天看学术文献，居然真的让他找到了进一步改进之前发明的显微镜的新方法，而这个方法的关键就在于荧光。联系一群学术界的旧友之后，贝齐格三下五除二地验证了这个新的想法，一台超级荧光显微镜就这样在他家里的客厅诞生了。由此可见，做科研不在于团队大小，哪怕是一个人也可以，关键在于找到兴趣点，并善于观察、思考、分析和总结。当然，如果能够建立与他人的合作，那就更棒了，正所谓“一个好汉三个帮”。

相比于贝齐格，黑尔的人生正如其英文姓氏“地狱”所示，可谓历经千辛万苦。1962 年 12 月 23 日，黑尔出生于罗马尼亚西部的阿拉德市，紧邻匈牙利，这是一个充满多民族混居的地方，不安定的社会环境让他从小就学会了谨慎和保持怀疑的价值观。他跟随父母颠沛流离，直至 15 岁，全家移民至德国，才算稳定下来。新的环境让他得以继续上学，然而，浅尝辄止的书本知识和死记硬背的学习让他感到十分无聊和厌倦，好在后来大学时针对显微技术的研究让他终于尝到了科学和实验的乐趣。在导师的带领和指派任务下，他的研究方向便是解决当时刚刚有苗头的共聚焦显微镜的不足，并提高其性能。然而好景不长，研究经费很快就断了，他只能另寻他路，申请新的研究基金的支持，就在这样断断续续的经费支持下，研究项目一会停滞，一会前进，一轮又一轮，整整经历了近10年的挫折，才让他捣鼓出了不被时人看好的高分辨率荧光显微镜雏形，要不是他自己的不懈坚持，在长期缺乏资金支持的条件下，很多人是难以支撑下去的。直至21世纪初，已过不惑之年的他才逐渐获得业界认可，并建立属于自己的、独立的、稳定的研究团队，将早期的显微镜雏形一步步推向成熟和走向应用。

虽然贝齐格和黑尔两人都从不同的角度出发，独立地研发出了基于可见光的超分辨率显微镜，但是他们都有一个共同的理论基点，这便是单分子荧光。如果没有这个早期的理论发现，他们二位也是巧妇难为无米之炊，即便有再好的想法，也很难突破阿贝提出的光学成像极限，而提出这个理论的人正是莫纳。他于1953年6月24日出生于美国加利福尼亚州普莱森顿市的一个军人家庭，优越的家庭环境让他从小衣食无忧，父母的严厉管教让他养成了积极进取的秉性。他中学时代参加学校的科学竞赛，便斩获殊荣，得闲之时，更是到大学的科学夏令营逛一逛。虽然莫纳大学期间主修的是电子工程专业，但是研究生期间，他又转向了低温固态物理学研究，并有幸跟随多位诺贝尔奖获得者学习。正是宽松的环境和自由的探索，让他在日后不久提出了单分子荧光的理论，虽然当时并没有任何实验的支持，也看不到任何实际的应用价值。正是这些天马行空、看似无用的知识在不经意间塑造着我们当今的科技，并深深地影响着我们的日常生活。

最后，不得不提显微镜的制造。纵观整个历史，显微镜的发明和发展史中几乎没有中国人的身影，当然，在最新的超分辨率荧光显微镜领域，华人学者庄小威做出了一定贡献，但其实验也是在国外完成的。历史的禁锢是不可避免的因素，但随着国内经济的发展和科学实力的整体进步，如果我们还是依赖于国外提供的显微镜开展相关研究，必将在生命医学领域受制于国外技术的垄断。当然，无论是蔡司公司、IBM 实验室、西门子公司，还是贝尔实验室，它们都是伴随其所在国家的强大才得以成长起来，也并非一朝一夕的努力，而且利用商业资金拥抱人才发展以及促进技术迭代，才是铸就它们辉煌品牌的重要因素。回到当今的我国，透过科学史，找出经验和规律，结合国内的实际情况，摸索出一套适合我们发展的创新和创业之路，势必是国产显微镜乃至其他重要科学仪器的唯一出路。

参考文献

[1] https://www.nobelprize.org/[EB/OL]

[2] 翟中和，王喜忠，丁明孝．细胞生物学[M]．4版．北京：高等教育出版社，2011.

[3] ANDREA A J. World History Encyclopedia[M]. Santa Barbara: ABC-CLIO, 2011.

[4] SNYDER L J. Eye of the Beholder: Johannes Vermeer, Antoni van Leeuwenhoek, and the Reinvention of Seeing[M]. New York: W. W. Norton & Company, 2016.

[5] CARREYROU J. Bad Blood: Secrets and Lies in a Silicon Valley Startup[M]. New York: Knopf, 2018.

[6] SKLOOT R. The Immortal Life of Henrietta Lacks[M]. New York: Crown Publishers, 2010.

[7] CROFT W J. Under the Microscope: A Brief History of Microscopy[M]. Singapore: World Scientific Publishing Company, 2006.

[8] PURRINGTON R D. The First Professional Scientist: Robert Hooke and the Royal Society of London[M]. Basel: Birkhäuser Verlag AG, 2009.

[9] HENIG R M. Pandora's Baby: How the First Test Tube Babies Sparked the Reproductive Revolution[M]. Annotated Edition.

New York: Cold Spring Harbor Laboratory Press, 2006.

[10] PICOULT J. My Sister's Keeper[M]. Washington: Washington Square Press, 2005.

[11] 帕克 . 干细胞的希望 : 干细胞如何改变我们的生活 [M]. 上海 : 上海教育出版社 , 2015.

[12] 科拉塔 . 克隆 : 通向多利之路及展望 [M]. 上海 : 上海科学技术出版社 , 2000.

[13] 陈挥 . 走近王振义 [M]. 上海 : 上海交通大学出版社，2011.

[14] 刘锐 . 线粒体的发现和起源假说 [J]. 生物学教学 , 2016, 41(11): 9 – 11.

[15] 潘登 , 高宏波 . 叶绿体 DNA 的发现历程 [J]. 生物学通报 , 2012, 47(7): 53 – 55.

[16] 郝宇娉 , 陆琳 , 杨志红 . 转基因植物疫苗的研究进展 [J]. 核农学报 , 2020, 34(12): 2708 – 2724.

[17] 杨建民 , 郝慧丽 , 王伟彬 , 等 . 单哺乳动物细胞封装技术研究进展 [J]. 中国科学 (生命科学), 2020, 50(4): 406 – 426.

[18] 刘英 , 江霞 . 糖尿病细胞治疗的研究进展 [J]. 中华细胞与干细胞杂志 (电子版), 2017, 7(1): 59 – 63.

[19] 郭晓强 . 乔治斯・科勒尔 [J]. 遗传 , 2009, 31(9): 873 – 874.

[20] 徐克伟 . “显微镜”一词的形成及其中日语言文化交流 (1646–1831) [J]. 高等日语教育 , 2018(1): 137 – 148,197.

[21] 郑瑞珍 . 童第周的科学人生 [J]. 中国细胞生物学学报 , 2019, 41(4): 774 – 784.

[22] 李树雪 , 汤俊英 . 童第周：中国实验胚胎学的创始人 [J]. 自然辩证法通讯 , 2020, 42(6): 120 – 126.

[23] 朱文兵 , 卢光琇 , 范立青 . 精子库的设立及面临的伦理问题

[J]. 北京大学学报 (医学版), 2004, 36(6): 670 - 672.

[24] 马黔红 , 黄仲英 . 辅助生殖技术中胚胎冻存新观念及解冻移植策略的探讨 [J]. 实用妇产科杂志 , 2020, 36(4): 243 - 245.

[25] 王立群 . CAR-T 和免疫细胞肿瘤治疗 [J]. 中国细胞生物学学报 , 2019, 41(4): 537 - 548.

[26] ZHANG H. Origin of the Chinese word for "cell" : an unusual but wonderful idea of a mathematician[J]. Protein Cell, 2021, 12(9): 671 - 674.

[27] KERR J F, WYLLIE A H, CURRIE A R. Apoptosis: a basic biological phenomenon with wide-ranging implications in tissue kinetics[J]. Br J Cancer, 1972, 26(4): 239 - 257.

[28] KERR J F. History of the events leading to the formulation of the apoptosis concept[J]. Toxicology, 2002, 181 - 182: 471 - 474.

[29] ROUS P, JONES F S. A method for obtaining suspensions of living cells from the fixed tissues, and for the plating out of individual cells[J]. J Exp Med, 1916, 23(4): 549 - 555.

[30] NIKLASON L E, LAWSON J H. Bioengineered human blood vessels[J]. Science, 2020, 370(6513):eaaw8682.

[31] MANDAI M, WATANABE A, KURIMOTO Y, et al. Autologous Induced Stem-Cell-Derived Retinal Cells for Macular Degeneration[J]. N Engl J Med, 2017, 376(11):1038 - 1046.

[32] HIRSCH T, ROTHOEFT T, TEIG N, et al. Regeneration of the entire human epidermis using transgenic stem cells[J]. Nature, 2017, 551(7680):327 - 332.

[33] SAVITT T L, GOLDBERG M F. Herrick's 1910 Case Report of

Sickle Cell Anemia[J]. JAMA, 1989, 261(2):266 - 271.

[34] SIPP D, ROBEY P G, TURNER L. Clear up this stem-cell mess[J]. Nature, 2018, 561(7724): 455 - 457.

[35] REED J C, DRUKER B J. Peter C. Nowell (1928—2016) [J]. Proc Natl Acad Sci U S A, 2017, 114(18): 4569 - 4570.

[36] DAVIS R L, WEINTRAUB H, LASSAR A B. Expression of a single transfected cDNA converts fibroblasts to myoblasts[J]. Cell, 1987, 51(6): 987–1000.

[37] BLUNDELL. Observations on Transfusion of Blood[J]. Lancet, 1829, 12(302): 321 - 324.

[38] GLUCKMAN E, BROXMEYER H A, AUERBACH A D, et al. Hematopoietic reconstitution in a patient with Fanconi's anemia by means of umbilical-cord blood from an HLA-identical sibling[J]. N Engl J Med, 1989, 321(17): 1174 - 1178.

[39] SANFORD K K, EARLE W R, LIKELY G D. The growth in vitro of single isolated tissue cells[J]. J Natl Cancer Inst, 1948, 9(3): 229 - 246.

[40] KAMPEN K R. The discovery and early understanding of leukemia[J]. Leuk Res, 2012, 36(1): 6 - 13.

[41] XU L, WANG J, LIU Y, et al. CRISPR-Edited Stem Cells in a Patient with HIV and Acute Lymphocytic Leukemia[J]. N Engl J Med, 2019, 381(13):1240 - 1247.

[42] PEARCE J M. Rudolf Ludwig Karl Virchow (1821–1902) [J]. J Neurol, 2002, 249(4):492 - 493.

[43] BROWNLEE C. Biography of Rudolf Jaenisch[J]. Proc Natl Acad Sci U S A 2004, 101(39): 13982 - 13984.

[44] DOLGIN E. Bioengineering: Doing without donors[J]. Nature, 2017, 549(7673): S12 - S15.

[45] DIAMANTIS A, MAGIORKINIS E, ANDROUTSOS G. Alfred Francois Donn é (1801 - 1878): a pioneer of microscopy, microbiology and haematology[J]. J Med Biogr, 2009, 17(2): 81 - 87.

[46] THORBURN A L. Alfred François Donn é , 1801–1878, discoverer of Trichomonas vaginalis and of leukaemia[J]. Br J Vener Dis, 1974, 50(5): 377 - 380.

[47] ROSENBAUM L. Tragedy, Perseverance, and Chance–The Story of CAR–T Therapy[J]. N Engl J Med, 2017, 377(14): 1313 - 1315.

[48] TAKAHASHI K, YAMANAKA S. Induction of pluripotent stem cells from mouse embryonic and adult fibroblast cultures by defined factors[J]. Cell, 2006, 126(4): 663 - 676.

后记

从动笔到完稿，历时近两年，搁笔之时，如释重负。想来原因有三，一是为人师表，没有食言，二是作为儿子，打消了父亲的疑虑，三是作为父亲，回答了小朋友的疑惑。

本书的撰写，部分得益于自己每天不得已的 3 个小时上下班路程，尤其是 2 个小时的地铁时光，让我有足够的时间来观察事物和安静下来进行构思，当然也会不时地利用手机记录下只言片语和查阅一些资料。

写罢此书，最大的感触是该领域的重大发现，很多时候都是在非常简陋的条件下完成的，尤其是第一次世界大战和第二次世界大战时期，很多科学家不是吃不饱、穿不暖，就是颠沛流离。就是在这样艰苦的年代，他们仍能取得写进历史的发现，十分值得我们尊敬。反观我们现在的科研和生活条件，远远好于他们，但是重要的发现却似乎少了很多，实感惭愧。另一个感触则是通过了解这些历史人物的成长史，尤其是他们少年时代的生活，很明显能感受到他们对自然的热爱。虽然很多人年少时学习表现平庸，但是这并没有阻碍他们的发展，反而随着年纪的增长和阅历的增加，兴趣和韧性与日俱增，他们能够克服困难，洞悉问题的本质，最后取得令他人认可的成绩。很值得我们学习。

聊完细胞简史三百年，在未来三百年，细胞科学的发展对人类的影响到底会到什么程度，也许会是下一个值得进行科学幻想的题目。

这是我第一次撰写科普书，鉴于书中涉及的知识点很多，难免出现错漏，恳请大家批评指正。